Full Love Family

寫給菜鳥父母看的育兒書 3 照書養準沒錯

新手父母這樣教0～3歲寶寶玩

健康寶寶編輯小組 ◎著

原書名：養育會玩寶寶

前言

自己的寶寶就要出生了，新手爸媽們躊躇滿志、摩拳擦掌，急待一展身手。但養育寶寶不像玩線上遊戲，輸了可以重來，關於寶寶的一切都是不可逆的，一不小心培養了一個「負資產」，後半輩子就要在吵鬧和悔恨中度過了。所以，聰明的你，加緊學習才是解困之道，如果你也在為下面的問題煩惱，不用擔心，本書將逐一解答！

問題一：「玩」是什麼？

答案：它的基本釋義是：

①玩耍、遊戲：玩耍／玩具／玩球／玩鬧。

②使用某種手段來達到某種目的：玩花招／玩手段。

③欣賞、觀賞：玩賞／遊玩。

④用不嚴肅的態度來對待、輕視、戲弄：玩弄／怠忽職守／玩世不恭。

⑤可供觀賞的東西：古玩。

在這裡，寶寶的玩應該是指「玩耍、遊戲」，這個詞本身沒有褒貶，但很多爸媽經常賦予它貶義，認為寶寶的玩有「輕視、戲弄」之意，試圖用更具有教育意義的方法扶正它，無疑是緣木求魚。所以，爸媽們首先應該糾正自己的認知偏差，將「玩」看做寶寶的正常生活方式，採取正確的態度。

——糾正態度，此乃本書的基本宗旨。

問題二：為什麼寶寶唯「玩」獨尊？

答案：簡單來說，「玩」是寶寶學習和生活的方式。寶寶透過「玩」發現世界，認識世界，並且維持生命。與成人的工做相比，只是說法不同，本質並無差異。從這個意義上來說，每個寶寶可都是「工做狂」。而爸媽們的做用就是做好指導，當然，是在參考本書的前提下。

——提供參考，此乃本書的基本目的。

問題三：什麼樣的玩法是寶寶的最愛？

答案：對這個問題的解答是本書的主要內容。根據上面兩個問題的答案，玩是遊戲，又是工做，那麼最好的「玩法」就應兼具遊戲的趣味性和工做的秩序性，也就是創造有秩序的快樂。為了達到這一目的，首先，應瞭解寶寶每個階段的特徵，這部分內容在書中每章的第一部分中有詳細的說明。

然後，應為寶寶提供合適的玩具和遊戲，這是每章的第三個部分。最後，應由合適的玩伴，包括爸爸媽媽、爺爺奶奶、叔叔阿姨、小朋友和保姆，來參與到遊戲中，維持秩序，這部分內容是每章的第二部分。三個部分，並駕齊驅，為寶寶的快樂成長路保駕護航。

——內容全面，此乃本書的基本特點。

堅持三個「基本」原則，可以破解育兒寶典，如若不信，不妨嘗試！

最後，再送你一個「……」，它代表無限可能，儘管本書已經非常全面，但也難免掛一漏萬，當你遇到本書未提到的問題時，就請你發掘出自己的無限可能，解決無限可能的問題吧！

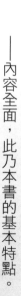

CH 1

會玩寶寶總動員

第一節 我的新手爸媽

我的爸媽初為人父人母，緊張與興奮之情溢於言表，新鮮的心情可以理解，但千萬別把我當做試驗品來對待。所以，給新手爸媽上的第一課，還是讓我這個新鮮寶寶來做「主講人」吧！

寶寶寄語：爸爸媽媽看過來。

當我還在媽媽肚子裡的時候，永遠都保持同一種姿勢，實在讓人厭煩，翻個身都不行，偶爾想伸個懶腰，又怕傷到媽媽。每天都盤算著離開媽媽的肚子之後，要盡情地玩一玩，曬曬太陽，看看大海，聽聽花開的聲音。不過有的時候也會聽到媽媽和爸爸的談話，

「希望我們的寶寶以後是個聽話的好孩子」、「就怕這小傢伙出來之後，我們就沒有清靜的日子了」……

為什麼聽話的孩子才是好孩子呢？為什麼爸爸媽媽總是喜歡安靜的小孩呢？如果我喜歡玩，是不是他們就不喜歡我了呢？我好擔心……

做為寶寶，我們的口號是「我玩，故我在」，玩是我們的天職，可是很多爸爸媽媽都不能理解我們的想法，將「玩」當做頭號敵人。真希望有人能給他們上堂課，讓他們明白為什麼我們喜歡玩，什麼是真正有價值的「玩」。其實，我們寶寶也是有學問的，起碼我們知道我們想要的玩，並不是簡單的玩鬧，而是專家口中的「家庭閒暇教育」，就是在幼稚園之外的休閒生活中所受的教育，這種教育是滲透式的，不是灌輸式的；是生活化的，不是學術化的。總之，就是讓我們盡情地玩耍，開心地學習。

我們寶寶家族的很多成員，都被爸爸媽媽要求參加各種才藝班，連不滿三歲的寶寶也不放過。那麼多不開心的任務等著我們去完成，根本就不是「閒暇」教育嘛，是「應酬」還差不多。也許爸爸媽媽們會覺得我們的話不夠客觀，那就聽聽專家們的意見吧！

專家如是說：「會玩的寶寶更聰明！」

在日常生活中，父母們會將寶寶粗略地分成調皮和聽話兩類，前者玩起遊戲總是最活躍，喜歡領導其他人，偶爾也會做出一些出格的事情，讓大人們頗為擔心，所以調皮總是帶有貶義色彩。而聽話的孩子習慣於按照父母的要求做事，大人不准的絕對不碰，自己玩的時候也經常尋求他人的幫助，這種孩子讓父母比較放心，迎合了很多家長的要求，因此「聽話」本身帶有褒義色彩。其實，凡事都有兩面，過分調皮的孩子容易出危險，過分聽話的孩子缺乏自主意識，如何在兩者之間尋找「黃金分割點」，是聰明的父母應該掌握的知識。

研究發現，會玩的寶寶能夠獲得更好的

思維能力。在各式各樣的遊戲和玩耍中，寶寶都有機會培養自己的思維能力。比如，為了將積木堆得更漂亮、更穩固，就需要寶寶反覆實踐，進而掌握思考的能力，並學習一些物理常識，也許這些知識無法口頭表達出來，但是在以後的學習中會很容易接受；再比如，為了更快更好地完成拼圖，就需要找到圖塊與圖塊之間的關聯，同時還可以樹立時間觀念；玩皮球的時候，如果讓球按照自己的意圖滾動，就要學會控制自己的力量和施力方向；玩「扮家家酒遊戲」時要動腦筋、設計遊戲情節等等，這些遊戲除了需要寶寶具有一定的動手操做能力之外，都需要寶寶具有多方面的思維能力。

做為家長，還需要在寶寶的玩耍中進行指導，並適時參與進去。如果只是購買很多玩具給寶寶，而不陪寶寶玩，也不教寶寶如何玩，那麼他們恐怕很難從玩具中獲得本應該獲得的智力養分。那樣寶寶只會將積木胡亂堆砌，把球隨意亂扔，在「扮家家酒」遊戲中充當破壞者，也不能有耐心地坐下來完成拼圖。總之，這樣的遊戲只是培養了一個重複簡單動作的破壞分子，而不是一個具有創造性的建設者。

所以，聰明的爸爸媽媽們，不要再將「玩耍」視做敵人了，好好利用，重拾當年的童真，一起和寶寶度過一個充滿探險經歷的快樂童年吧！

如何制訂寶寶的「玩樂選單」？

隨著社會競爭日益激烈，父母們承受的壓力更加沉重，不僅使自己生活在「水深火熱」之中，也將這種壓力傳遞到了孩子身上。父母希望自己的子女不僅在起跑點上領先，而且希望能夠步步領先，為此，不惜犧牲寶寶的童年時光，安排各種活動，讓孩子從一出生就開始融入成人社會。或者採取一些比較消極的方式，任由孩子在家看電視或玩電玩遊戲等。總之，這些行為都使得孩子們的人際交

往表現出成人化傾向和自主化傾向，也就是說與成人的交往多於與同伴的交往，與機器的交往多過與大自然的交往，與自己交往多過與他人交往。

為了讓寶寶擁有一個真正快樂健康的童年，就需要父母們對孩子進行「閒暇教育」。閒暇教育的目的是提高孩子的生活品質，品味生命的意義，而不僅僅是掌握一門技藝或者記住某些文字。閒暇教育對孩子將來成為什麼樣的人至關重要。它能幫助孩子認識和確定自己的生活觀念、生活態度和目標，能幫助孩子進行自我判斷、自我充實和積極進取。

確定了玩的目標後，就要來設計玩的內容，「根據寶寶的年齡特徵，選擇合適的遊戲、玩具和玩伴」，很多專家都會提出這樣的建議，從中我們很容易得知玩的內容不過是遊戲、玩具和玩伴三個方面，這並不難，難的是如何「選擇」？何為「合適」？寶寶的年齡特徵是怎樣的？如果連這些問題都不能解決，又如何選擇呢？

這裡提供一些最簡單的方式：

一、**見賢思齊**——以寶寶現在的年齡做為依據，完成本年齡要求的同時，關注下一階段甚至下幾個階段的特徵，提前設置家庭環境，制訂計畫，做好記錄，別只是拍照，寫點文字也是不錯的，能夠幫你記錄更多快樂。

PS：見賢思齊的另一層意思是，爸爸媽媽要與寶寶一起成長，見寶寶之「賢」，思自己之「齊」，寶寶的嶄新開始也是你自己的嶄新開始。

二、資訊共用——與家庭其他成員、保姆和教師即時溝通資訊，掌握寶寶成長的最新動態，及時做出正確決策。

PS：爸爸媽媽們千萬不要怕麻煩，這是一個新創造的生命，你必須負責，而且還是一項最偉大的事業，獨一無二，絕無僅有。

三、寶寶做主——做為成年人，你難免會自以為是，尤其是面對一個還沒有你小腿高的寶寶時，你很容易充當造物主的角色。但別忘了，你面對的對象是一個人，他也有思想，儘管尚不能與你溝通。你設置的內容一定要與他商量才行，不然寶寶拒絕配合。

四、充分利用資源——與其他父母分享經驗，共同學習育兒知識，共同付諸實踐，這本身也是寶寶之間建立朋友關係的途徑，父母們聊天時，寶寶們也會用他們自己的語言進行溝通。爸爸媽媽們還可以充分利用媒介，電視、網路、書籍等都是為自己的寶寶選擇遊戲內容的參考資料。

五、健身健腦——健身與健腦難分伯仲，何不並駕齊驅？華爾街的金融大亨幾乎每個人都是運動健將。運動精神也是完善人格的重要組成部分，熱愛運動的寶寶必定更快樂，更積極上進，而且運動本身有健腦的做用，因此「健身健腦」要兩手抓。

第二節 寶寶的「遊戲人生」

遊戲是寶寶們認識世界的途徑，是寶寶最好的學習方式。心理學家的實驗證明，遊戲是包含了多種認知成分的複雜心理活動，就像一道菜一樣，色、香、味俱全。遊戲可以鍛鍊寶寶的觀察能力，豐富感性認知；可以培養寶寶的想像力，學會積極主動地解決問題；還可以幫助寶寶鍛鍊記憶力；最重要的是，遊戲讓寶寶學會思考，所以寶寶的「玩樂選單」中必不可少的一個單元就是：遊戲。

一、按照遊戲的玩法，寶寶的遊戲基本可以分成下面幾類：

遊戲的種類	玩法	遊戲的功效	舉例
角色遊戲	扮演不同角色，做個小演員，用不一樣的身分學習社會規則。	加速幼兒的社會化過程，發展體力、智力、社會性、情感、語言和審美能力等。	①「幼稚園遊戲」：寶寶當老師，媽媽做家長，模仿老師和家長的對話。 ②「扮家家酒」：傳統遊戲，寶寶做家長，爸媽當寶寶。 ③「理髮」：寶寶做理髮師，爸媽做顧客。
結構遊戲	利用積木、積塑、麵糰、沙子、泥土等材料，進行建築、構造的一種遊戲。	提高幼兒的綜合能力，如想像力、動手能力、語言表達能力等，促進幼兒感覺器官的發育。	①「超市半日遊」：帶孩子到超市購物時，引導孩子觀察不同超市的外部建築風格、內部佈局、物品擺放特點等，回家以後鼓勵孩子利用自己喜歡的結構材料，在客廳裡或陽臺上搭建「超市」，把一些廢舊物品放在相對的「貨架」上。 ②「餐廳體驗遊」：帶孩子外出進餐回來，可和孩子一起在家中用泥巴或麵團製做各種「食品」和「炊具」、「餐具」，開辦「飲食城」，招待「客人」，再有客人來的時候，可以讓寶寶做個服務員，體驗為他人服務帶來的快樂。 Tips：孩子與家長應根據家庭的具體條件、季節的變化和周圍環境，來進行這類遊戲。

表演遊戲	寶寶根據故事、童話中的情節、語言，創造性地進行表演的一種遊戲。	訓練幼兒的多向思維能力和語言表達能力。	當爸爸媽媽為寶寶講童話《小猴子和長頸鹿摔跤比賽》故事時，可以啟發寶寶扮演「小猴子」或「長頸鹿」或「裁判」，讓寶寶按照自己的意願，創造性地加以表演。
智力遊戲	目的明確，主要為了增長知識、發展智力、提高能力的一種遊戲。	增長知識、發展智力、提高能力。	①「聽音猜人」的遊戲，如果寶寶猜對了，就擁抱一下孩子以示鼓勵，這既能提高孩子的聽覺分辨能力，又能加深親子之間的感情。 ②「猜謎語」的遊戲，家長先講謎題，讓孩子說出謎底，或啟發、幫助孩子自己編講謎題，由家長猜出謎底，以此培養孩子的判斷推理能力和想像能力。 ③棋類遊戲，如和孩子下「拜年棋」，就能使孩子知道在新春佳節期間給不同的人拜年時，應用不同的語言來表達，以提高孩子的語言表達能力，養成懂禮貌的好習慣。

音樂遊戲	體育遊戲
讓寶寶在歌曲伴唱或音樂伴奏下進行的一種遊戲。	讓寶寶在自由、歡愉的氛圍中舒展動作、增強體質的一種遊戲。
培養寶寶的審美能力和對音樂的聽覺敏感性，幫助幼兒形成良好的音感。	鍛鍊幼兒的大肌肉能力和動作的協調能力。
在玩「矮矮的鴨子」（一排鴨子，個子矮矮，走起路來，屁股歪歪，翅膀拍拍，太陽曬曬，伸長脖子，吃吃青菜。）的遊戲時，全家人頭戴「鴨子帽」，站成一排，邊唱邊按照歌詞內容做出相對的動作，當歌曲唱完時，走得最遠的人為冠軍（大人應注意盡量放慢腳步，讓孩子走在前面），進而培養孩子對美的感受力、表現力和創造力。	「捉尾巴」遊戲：全家人都在衣服的後下襬繫上一條彩帶當做「尾巴」，大家都盡力在每個房間裡奔跑、閃躲，保護自己的「尾巴」，以免被別人捉住；孩子在奔跑的過程中可以鍛鍊自己的靈活性。

二、玩具總動員

玩具之於寶寶，就像實驗室之於科學家，筆、墨、紙、硯之於書法家。沒有玩具，寶寶就沒有了探索世界的工具。所以為了培養聰明的寶寶，玩具必不可少。

聰明的新手爸媽們可不要被廣告給騙了，並不是花錢買的才是玩具，只要能夠開啟寶寶的智慧，泥土甚至空氣都是很好的玩具。換句話說，只要能產生教育效果，什麼樣的玩具——當然要在安全的前提下——都是好玩具。

1、按照玩具能產生的教育效果，可分類為：

玩具的種類	教育效果	舉例
益智類	促進智力發展。	套疊用的套碗、套塔、套環幫助學習順序的概念； 拼圖玩具、拼插玩具、鑲嵌玩具，培養圖像思維和進一步的創造構思部分與整體概念； 配對遊戲、接龍玩具等既能練手，又能練習動腦。

動作類	增強感覺運動協調能力。	拖拉車、小木椅、自行車、不倒翁等。
語言類	增強聽、說、寫的能力。	立體圖像、兒歌、木偶童謠、畫書。
建築類	培養想像力，增強小肌肉的運動能力。	積木。
模仿類	加速兒童社會化進程。	鍋、碗、瓢、匙；城市、街道、汽車、房子；娃娃與醫院、玩具商店等。

註：嚴格地說，每種玩具都具有益智的功能，也都有助於提高語言和動作能力，上述分類主要是按照教育功效進行的分類。

2、關於玩具的年齡劃分

1歲以內的寶寶：喜歡把玩具放進嘴裡，所以玩具要絕對無毒，而且應色彩豔麗，可以發聲，以刺激孩子對外部世界的反應。比如上面表格中提到的立體圖像、積木等均可。

2～3歲：這時應為孩子選擇具有動感、形象鮮明的玩具。比如長頸鹿、會蹦跳的青蛙、能發聲的胖娃娃、吹氣的小動物等。

3、關於玩具的安全性

選擇玩具就是為寶寶選擇玩伴，如果這個玩伴具有「攻擊性」，新手爸媽們恐怕就要三思而後行了。

根據國家《玩具安全》規定的標準，玩具的安全性由機械性能、易燃性能和化學性能三部分組成。我們可以根據以下幾個方面對玩具進行挑選：

①塑膠包裝袋有足夠的厚度和足夠的小孔，要防止小孩將包裝袋套在頭上造成窒息（**寶寶：「從塑膠袋裡看世界是不一樣的，我喜歡！」**）；玩具表面應平滑，以免擦傷寶寶，3歲以下兒童玩的玩具不應含有玻璃（搖動聲響的玩具除

外）；填充料應全新或經過消毒，清潔衛生（**寶寶：「有的布娃娃是苦的，我不喜歡，如果都是甜的就好了。」**）。

②玩具的邊緣、接合處、尖端和金屬絲等，應無引起傷害的毛刺、銳利尖端；刀、劍等仿製武器不得有功能性銳邊和尖端；折疊機、彈簧和傳動機應有保護裝置；鉸鏈的間隙以不會夾傷小孩的手指為宜。

③口哨等置入口中的玩具和玩具上的小零件不宜太小，以防止小孩吞食造成傷害，玩具的小零件應足夠牢固，防止小孩拉落誤食（**寶寶：「玩具上的小螺絲好像巧克力豆，讓人忍不住想吃。」**）。

④拖拉玩具和掛在小床上的玩具，其繩索不宜太長，防止繩索對兒童造成傷害。

⑤兒童可以進入的玩具，要進出方便，並且保持通風。

⑥童車等預定承載兒童重量的玩具，要檢查其牢固度、穩定性、啟動裝置和保護裝置是否良好。

⑦可發射子彈的玩具要特別注意：一是注意不要購買以火藥為能源的玩具槍；二是玩具槍

的子彈出膛速度應該是較低的，以近距離無殺傷力為宜；不要購買屬於國家明令禁止生產和銷售的仿真玩具槍。

⑧水上玩具的安全要注意：一是必須在成人的監護下使用；二是供兒童在淺水中使用；三是注意水上玩具不是救生設備。

⑨玩具應牢固可靠，可承受一定的跌落而不損壞。

⑩不要購買賽璐珞等易燃材料翻造的玩具。

三、關於玩伴

1、最佳拍檔──爸爸媽媽

父母是孩子的第一任老師。

如果你是爸爸，在和寶寶的互動上，你可能會傾向於採取遊戲的方式，而你的妻子會傾向於照顧寶寶。在互動方式上，你大多是透過身體運動方式，帶給嬰兒強烈的身體活動刺激，而你的妻子則大多透過語言交談和身體愛撫。隨著寶寶年齡的增長，你不僅與寶寶有共同操做和探索的遊戲活動，還常常到公園、遊樂場以及大自然中進行郊遊、打球、游泳、爬山等活動，這些活動對兒童身體發育有積極的做用。

經過上述的行為，寶寶從爸爸和媽媽那裡分別學會了不同的東西。實驗證明，從媽媽那裡，寶寶較可以學到語言、日常生活知識、經驗、想像力、創造意識及動手操做能力。爸爸則常常引導寶寶在社會生活中更廣泛、客觀地接觸世界，使寶寶得以接受大量的資訊刺激，這對培養和激發寶寶的求知慾、好奇心、自信心及興趣與愛好等，具有積極

的做用。而這些又是寶寶智力發育的有利條件。

從個性形成來看，母親所能引導寶寶的是她的女性特徵，如關心人、體貼人、富有同情心等。而父親通常具有獨立、堅毅、果斷、勇於冒險、勇於克服困難、寬厚等個性特徵。寶寶在與父親交流的過程中，不知不覺地受其影響，進行學習和模仿。另一方面，父親也無形中要求寶寶具有以上特徵，尤其是對男孩的要求更是嚴格。父親能大膽地讓寶寶體會到冒險的快樂。

其實，只要你與自己的另一半分工得當，即時溝通，相信你的寶寶一定會健康茁壯地成長。

2、成長夥伴——小朋友

寶寶的語言，很多時候無法在長輩那裡獲得共鳴，因此他們總是會尋找同年齡的小夥伴，一起分享快樂和痛苦，一起成長。這是本能，也是寶寶在成長過程中的必經之路。所以，爸爸媽媽「該放手時就放手」吧！除非關乎原則問題，其他的問題儘管交給寶寶自己處理。

如果你的寶寶沒有小朋友，為人父母的你就要動點腦筋。你可以先讓他學會適應家門以外的生活，多帶他去遊樂場、才藝班等有同年齡孩子的地方，鼓勵他與人交流，與人分享，等到他自己體會到與夥伴在一起的快樂後，你就可以放心地讓他自己解決人際關係問題了。

3、社會交往第一步——大朋友（長輩玩伴）

寶寶的大朋友分為兩類，一類是爸爸媽媽的同輩，即叔叔阿姨們，另一類是爸爸媽媽的長輩，爺爺奶奶、外公外婆。

先來說說第一類大朋友。回想童年，你肯定還記得自己對叔叔阿姨們的特殊關注，因為那些叔叔阿姨總是帶來新鮮好玩的玩具和可口的零食。同樣的道理，你的寶寶也會喜歡你的朋友或者兄弟姐妹，唯一不同的是現在的寶寶們，個個善於交際，加上生活富足，他們從叔叔阿姨們那裡得到的好處遠遠多過你們自己小的時候。應該說，這是好的方面，但如果叔叔阿姨們的教育方式不恰當，很容易抵消父母精心打造的成長環境，讓寶寶受到不良因素的侵擾。比如，叔叔阿姨因為顧及與你的私交，縱容寶寶的不當行為，或者在寶寶面前做出不良行為示範，這都是不利因素。相反地，具有良好修養和優雅舉止的叔叔阿姨也有可能成為寶寶的良師。總之，做為父母，最好做到「事前說明、事中觀察、事後溝通」三個方面，讓大朋友也成為寶寶的好玩伴。

再來一類朋友就是爺爺奶奶、外公外婆。隔代教養帶來的問題已經不是新聞了，但是對每個新手爸媽來說還是應當學習的一門課程。簡單來說，無論你是否將寶寶交由長輩代管，都應當做到上面提到的「事前說明、事中觀察、事後溝通」三個方面，事前向長輩說明寶寶的最近情況，在過程中與長輩及時溝通，給予智力支持，當然要用盡量委婉的方式，事後與寶寶溝通，解決未解決的問題。

說起來簡單，做起來難，總是講理論未免枯燥，後面的章節中將會透過具體實例進行詳細說明，敬請期待！

四、布置我的新家

家具or玩具，It's a question

在寶寶的眼裡，玩具是最重要的，寧可要玩具不要家具。而做為爸爸媽媽，最簡單的應對方式就是讓家具也變成玩具，讓臥房同時也是遊戲房。

如果想要為自己的寶寶設計這樣的兒童房，首先要遵守下面幾個原則：

原則一：安全

寶寶是天生的冒險家，為了他的安全，兒童房一定要夠安全。如在窗戶設護欄，盡量避免購買使用玻璃製品等易碎材料製成的家具，避免稜角的出現而採用圓弧收邊，也可以將專門的保護措施覆蓋在原有的環境裡。在裝飾材料的選擇上，應選用無毒、無味的天然材料，以減少居室污染。地面適宜採用實木地板，配以無鉛油漆塗飾，這樣就能讓寶寶光著腳丫到處走動，不過要注意防滑。做為寶寶的家具，宜選擇耐用的、承受破壞力強的、邊角處略有小圓弧的家具。

原則二：量力而為

初為人父人母的心情可以理解，但不可鋪張浪費，表達愛的方式不只有花錢。更重要的是讓愛持久、健康、向上，為寶寶創設適合他們的環境才是愛的真正體現。

原則三：遵循玩樂本性

玩樂是寶寶的天性，不能為了安全或所謂的教育目的，限制寶寶的活動。因此，兒童房的配置應該以柔軟、自然的素材為最佳，如地毯、原木、壁紙或塑膠等，不僅方便寶寶活動，而且耐用、易修復，且價格適中，符合量力而為的原則。

為了滿足寶寶模仿成人世界的願望，最好選擇與成人家具類似的縮小比例的家具，如伸手可及的置物架和茶几等，能讓家具成為遊戲的道具。另外，家具的風格要體現孩子的裝飾品味，同時也能起到提升寶寶審美情趣的做用。

原則四：充足的光照

光照能夠幫助寶寶獲得幫助身體吸收鈣質的維生素D，保證身體健康發育，同時能夠給予寶寶安全感，幫助消除寶寶獨處時的恐懼感，形成樂觀積極的性格。所以兒童房的採光情況要適度優於成人房間，在可能的範圍內盡量多採用自然光照，而人工照明可以採取整體與局部兩種方式佈設。

當寶寶遊戲玩耍時，可以採用整體燈光照明；當寶寶看圖畫書時，可以選擇可

局部調光的檯燈來加強照明，以取得最佳亮度。此外，還可以在孩子房間內安裝一盞低瓦數的夜明燈或者在其他燈具上安裝調節器，以保證寶寶夜間起來時的照明。

原則五：活潑跳躍的色調

不同的顏色可以刺激兒童的視覺神經，促進視覺器官的發育，而千變萬化的圖案則可滿足兒童對世界的好奇心，所以，顏色是兒童房中不可缺少的內容。

在具體操做上，可以採用明快、亮麗、鮮明的色彩裝飾整個房間，可以多些對比色。每個孩子的個性、喜好有所不同，可以根據各自的愛好由寶寶做出自己喜歡的設計，比如將牆面裝飾成藍天白雲、綠樹花草等自然景觀，讓寶寶在大自然的懷抱裡歡笑，再如各種色彩亮麗、趣味十足的卡通化的家具、燈飾，讓寶寶生活在自己的快樂天堂。或者乾脆留出一面塗鴉牆，給寶寶一個可以隨意創做的地方。

原則六：變化性

最好選擇具有變化性的家具和玩具，為寶寶留出自己創做的空間，比如家具的顏色、空間設置等都可根據孩子的要求進行變化。另外要考慮家具的多功能性，比如可折疊的桌椅、沙發床等，為寶寶創造充足的空間。

CH 2

躺著玩耍的日子

當你認為自己已經是個愛玩、會玩的新手爸媽時，就準備好歡迎新生命的誕生吧！不要緊張也不用害怕，我們「玩樂家族」會一直陪伴在你身邊，用微風做話筒、星星做指示燈，隨時提醒你修正自己的行為，開始一段為人父母的奇妙旅程！

讀到這裡，你們自己的寶寶已經出生了吧？看著寶寶的眼睛，意識到自己已經是爸爸或者媽媽了，這種感覺是不是很奇妙？一夜之間，一切改變。現在已經不是紙上談兵的時候，是該真槍實彈上戰場了，不過你們的對手不是別人，就是眼前的小寶寶。他們的眼淚就是彈藥，他們的微笑就是戰利品，這場戰爭曠日持久，唯一的法則——堅持！

第一節 0～1歲寶寶特徵篇

在寶寶出生的頭3個月裡，寶寶大多數處於兩種狀態中：吃和睡。這時候父母不需要利用專門的時間逗他們開心，只要多抱抱，多親親，給他們安全感就好了。後9個月中就需要多些技巧，充分利用他們清醒時的每一段時間，與他們遊戲，建立感情依賴，好好享受做父母的感覺。在整個過程中，爸媽們會看到寶寶翻天覆地的變化：

①動作方面：身體經歷「平躺↓抬頭↓支坐↓翻身↓四肢伸展↓爬行」六個基本階段，而手也經歷「反射性抓握↓雙手分別拿不同物體↓雙手拿同一件物體↓雙手協調↓手指單獨工做」五個基本階段。

②社會適應性方面（人際關係方面）：經歷「無法認人，但喜歡皮膚接觸↓逐漸認人↓喜

歡被熟悉的人抱↓認出生人與熟人，受到表揚時表現出高興情緒」等四個基本階段。

③認知能力（包括聽覺、視覺、觸覺等）：經歷「僅對強烈的聲音、顏色有知覺↓追蹤聲音來源，注視運動的物體↓在鏡子中看到自己的樣子會表現出高興↓會注意到東西和事物的關聯性（會牽動綁著的玩具）」四個基本階段。

④語言能力：經歷「只有哭聲↓無聲調的喃喃自語↓有聲調的喃喃自語↓說出「爸爸」、「媽媽」↓瞭解大致語義」等五個基本階段。

一、媽媽的懷抱

寶寶寄語：媽媽的懷抱是最安全的地

方，當我心情不好的時候，只要媽媽把我抱起來，我就會很開心，如果媽媽能夠每天多抱我一會兒，我就是全天下最幸福的寶寶了！

新手媽咪：我老公說，應該讓孩子多躺著，這樣才能保持脊椎不會彎曲，可是有時候寶寶哭得厲害，只有抱起來才能安撫他的情緒，到底什麼時候應該抱，什麼時候應該讓他躺著呢？

專家解答

該不該抱要看抱的目的，如果寶寶正在睡覺，當然不應該抱。但如果寶寶醒了，抱著能夠給予寶寶安全感，建立良好的親子關係，並且擴展寶寶的視野，增加各方面的感覺刺激，促進寶寶的發育，所以這時應該抱。但要求家長採用正確的方式：由於寶寶的身體很柔軟，脊椎尚未定型，抱的時候，一定要保護好他的脖子、腰。一種方式是，一隻手托住寶寶的背、脖子、頭，即手掌在頭上，手臂支撐脖子和背部，另一隻手托住他的臀部和腰部。另一種則是將寶寶的頭放在左臂彎裡，肘部護著寶寶的頭，左腕和左手托住他的背和腰部。用右胳膊護著寶寶的腿部，右手托著寶寶的臀部和腰部。另外，最好讓寶寶的頭貼著你的左胸，這樣寶寶能夠聽到熟悉的心跳聲，與子宮內的環境相近，令他有安全感。

針對不同年齡階段的幼兒應採用不同的方式，比如3個月以內要以橫抱為主，以保護寶寶柔軟的頸部、背部和腰部。3個月以後可以採用其他方式，幫助幼兒身體肌肉的發育。

二、我愛「吃手手」

不知何時開始，寶寶心中的獨白變成：「實在沒有別的東西可玩啊，只有手手和腳腳可以陪我。每當媽媽不在身邊的時候，我就把它們放到嘴裡，吸起來很像吃奶的感覺，好開心！」

父母們看到寶寶這個舉動，就會開始喟嘆：「寶寶的手總是放在嘴裡，吮吸不停，甚至連腳趾都不放過，實在驚嘆他天生的瑜伽本領。單純的訓斥根本沒有做用，他甚至不知道你發怒的表情是什麼意思，出手制止也只能暫時起做用，你一轉身，他的手腳又被放進嘴裡，真是讓人哭笑不得。」

寶寶的「可怕」之處就在於他不按常理出牌，不與成人為伍。他的世界有自己的規則，至於這個規則是什麼，只有靠科學才能提出解釋了。

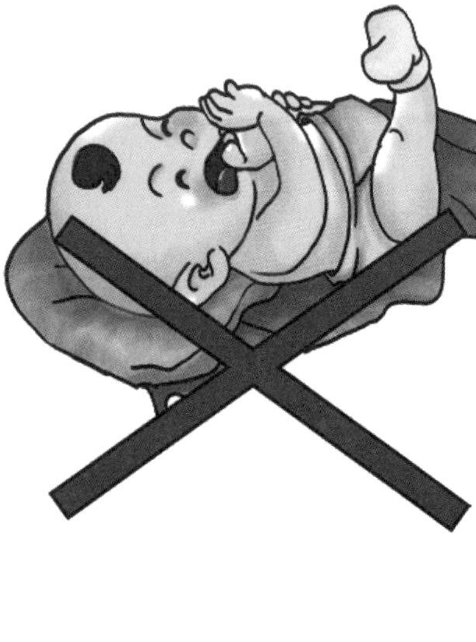

專家解答：吮吸本能是兒童與生俱來的，兒童透過吮吸的動作是向母親傳遞餵食資訊，獲得食物，因此吮吸本能是兒童賴以生存的必要條件。

從出現的原因上來說，絕大多數由母乳餵養的嬰兒吮吸本能能夠獲得滿足，而且隨著年齡的增長會逐漸消失。但依賴「瓶養」即非母乳的嬰兒的吮吸本能往往不能得到滿足。這時，他們就會從其他地方尋求滿足，比如咬嘴唇、咬奶嘴、咬被角等，這就是常見的「吃手指」現象。另外也有可能是由營養不均衡、情緒焦慮等原因造成。

從維持的時間上來說，如果您的孩子是4歲以下的兒童，那麼不必擔心，但如果有以下情況，就要適當採取措施加以治療：

①吮吸手指的時候還拉扯著自己的頭髮，特別是在1～2歲的時候。

②在4～5歲以後還經常吮吸拇指，並且力度較大。

③需要藉助外力才能停止這種行為。

④由於吮吸拇指而出現牙齒問題。

不過不用過分焦慮，通常經過一些簡單的治療之後孩子就能停止吮吸拇指。

Tips：長期吮吸手指會使牙齒不整齊甚至向前傾斜，嚴重者可出現口腔內上顎部分畸形；還會影響到言語，包括錯發成咬舌的音和說話時候會咬到舌頭等。

【案例分析】

新手媽咪A：「我的寶寶是母乳餵養的，已經4歲了吃手的毛病還是沒有改正，這是為什麼？」

專家解答：

如果您的寶寶同時出現食慾減退、味覺遲鈍、嗅覺異常等症狀時，可能視做缺鋅、缺鐵導致的「異食癖」，所以不妨給寶寶化驗一下血的微量元素和血紅素，如果發現有缺鋅、缺鐵問題，可按照醫生指示補充營養，基本方法如下：

補鋅：

1、硫酸鋅糖漿：0.4毫升／公斤／日，分3次口服。

2、氨基酸鋅咀嚼片：每天吃4毫克，用開水化開服下即可。

缺鐵：

1、10％枸櫞酸鐵銨合劑，1～2毫升／公斤／日，分3次口服。

2、硫酸亞鐵糖漿、富馬酸亞鐵糖漿、貝貝血寶、綠索補鐵口服液等。

註：上述方法僅供參考，具體治療方式請遵照醫生指示。

新手媽咪B：「我的寶寶是母乳餵養，而且也不缺鐵、缺鋅，但還是經常吃手，而且牙齒已經出現了畸形問題，我很著急，如何幫助寶寶解決問題啊？」

專家解答：

如果發現寶寶在情緒不穩定時出現吮吸動作，可視做情緒問題引起的吮吸行為，可採用以下方式加以治療：

1、用遊戲、玩具等轉移注意力，但遊戲和玩具的轉移功效必須很強，讓寶寶能夠從這些地方獲得更多樂趣，減少吮吸的時間和機會。

2、採用獎勵的方式，當寶寶能夠自覺不咬嘴唇時，給予語言上和行為上的獎勵，比如說：「你真棒！」然後給他親親抱抱。

3、外出短期旅遊或到親友家小住，徹底改變生活模式，在外人的監督下，幫助寶寶改正不良習慣。

4、在寶寶的拇指套上繃帶或者專業的設置，比如特製的手套，並且向他解釋這並不是懲罰而是想讓他們戒掉吮吸拇指的習慣。

（只有在做好完全準備時方可使用）

帶寶寶到牙科醫生那裡，事先與醫生商量好對話內容，說明是為糾正他「吃手」這個不良行為來的，請他合做，讓醫生用專業的嚴肅的方式告訴寶寶：「『吃手』會讓牙齒變壞，以後就不能吃喜歡的東西了。」

總之，對1歲以下的幼兒不必採用過分強制的手段，適當使用奶嘴便可減少吃手的問題。最重要的是父母經常在幼兒身邊，及時發現幼兒吃手的問題根源，及時解決，並且滿足幼兒的基本需求，讓幼兒獲得安全感。

三、最討厭拍照

70後、80後的爸媽們都是數位一代，「到此一遊」變成了「到此一照」，記憶卡代替大腦收藏所有回憶。當爸媽們希望用照片把寶寶長大的過程完全記錄下來時，閃光燈卻讓寶寶吃足了苦頭。

寶寶發言：「閃光燈很可怕，刺得眼睛痛，而且張不開。所以我最討厭愛拍照的爸爸媽媽了。」

專家解答：

此時寶寶的眼睛還不善於調節，視網膜的發育也不完善。在受到閃光燈刺激時會出現不舒適感，強光直射還會引起寶寶的眼底視網膜和角膜灼傷，甚至會導致失明的危險。

因此，為幼兒拍照時最好利用自然光源，或者採用側光、逆光，千萬不要用電子閃光燈或其他強光直接照射孩子的臉部。

超級鏈接：0～1歲寶寶眼睛的發育情況和遊戲

(1) 0～6個月：視力快速發育期

此時，寶寶眼睛的視杆細胞和視錐細胞的功能逐漸出現，視敏度迅速提高，從僅僅感覺到光亮到已經能夠清晰地看到近處放在桌子上的小鈕釦和遠處的行人。暫時只能辨認紅、黑兩種顏色，還無法辨別其他的顏色。

此階段的互動遊戲：

①辨認顏色：逗引寶寶去看紅色的小球或黑白相間的圖片。

②對視：在料理寶寶生活瑣事如餵奶時，用溫柔的目光與寶寶對視。

③鍛鍊追視能力：將直徑大於10公分的紅球，放在距離寶寶眼睛25公分處，慢慢地左右移動，吸引寶寶的眼睛追踪物體。

④鍛鍊手眼協調能力：在桌面放一些小玩具如小方積木讓寶寶伸手去抓。

(2) 6～12個月：視力發育高峰期

此時，寶寶的視敏度進一步提高，1歲時視力可達到0.2。他能夠看到小物體，區分簡

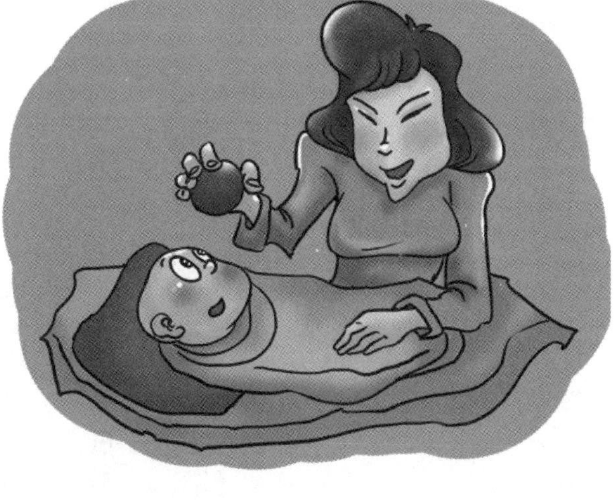

單的幾何圖形，觀察並模仿大人的簡單動作。手眼的協調能力進一步提高，近1歲時能用拇指和食指捏起小鈕釦等，能參與視覺互動遊戲。

此階段的互動遊戲：

①適宜的環境：可以給寶寶一些色彩鮮豔、形象生動的玩具，也可以讓寶寶看一些色彩鮮豔圖片。

②進入大自然：在大自然中觀看靜態、動態的各種物體，如白雲藍天、溪水大山等，欣賞美麗的風景，豐富對眼睛的色彩刺激。

③培養觀察力：可利用圖片教寶寶認識各種圖形，如電視、車子、鉛筆和狗等，並且與實物對照。

④鍛鍊手眼協調和雙手配合能力：可使用套塔等玩具。

【案例分析】

新手爸媽A：「我家寶寶現在32天了，這兩天發現他的眼睛總斜視（黑眼珠都快沒了），有時候要拍拍他的小臉才能正過來，是不是有什麼毛病啊？」

專家解答：

您的寶寶只有32天，尚屬於新生兒。新生兒早期因眼肌調節功能不良，常有短暫的斜視現象，這是正常的。父母需要做的是，注意小兒頭部位置，不要使其長期偏向一側。另外，嬰兒對紅色反應較敏感，可以在小床正中上方掛上一個紅色帶有響聲的玩具，定期搖動，使聽、視覺結合起來，有利於訓練新生兒雙側眼肌動作的協調性，進而起到防治斜視的做用。

新手爸媽B：「我們家的寶寶三個月大了，半個月前發現寶寶眼睛總向下翻，翻的時候眼睛瞇成一條縫，黑眼珠幾乎看不見了，用手動一下寶寶，他就又恢復正常了。剛開始一天出現一兩次，最近次數多了，每天十幾次，是不是我寶寶的眼睛出了問題？該怎麼治療？」

專家解答：

根據您的描述，我們尚不清楚寶寶翻白眼通常出現在什麼時候、有無誘因，出現時是否受自我控制、時間長短如何等，所以無法做出全面的判斷。但有兩種可能供您參考，一是驚厥，即缺乏維生素D、高燒等情況下引起的驚厥，常伴有兩眼上翻的情況，另外常同時出現四肢抽搐、面肌顫動等症狀。二是斜視。建議您即時到醫院就診。

四、會玩水的寶寶遊戲

寶寶說：「我為什麼要洗澡！洗澡好可怕，我不想離開媽媽的懷抱！」

專家支招：對於陌生的東西，寶寶都要有一個適應的過程，而且其中也可能出現反覆。有的寶寶一生下來就喜歡洗澡，但過了一段時間又不喜歡洗澡了。也有的寶寶一開始就不喜歡洗澡，之後慢慢地能夠接受，並且學會玩水。總之，爸爸媽媽應該讓不喜歡洗澡的寶寶學會體驗玩水的快樂，在玩鬧中洗得乾乾淨淨。這樣一方面能促進寶寶感知覺的發育，一方面能保持寶寶的身體健康。

首先，態度溫和。當寶寶不喜歡洗澡的時候，不要大聲呵斥，更不要強求。先嘗試放少量的水，用海綿擦身或者只清洗頭部和下身，等到寶寶願意接觸水的時候，再讓寶寶進入水中。

其次，布置好環境。室溫保持在攝氏26～28度，水溫在攝氏38～40度，這樣才能讓寶寶感到身體舒適，久待其中也不會覺得冷。可以在浴室中放寶寶喜歡的玩具，讓寶寶感到

這是一個熟悉的環境。浴巾等保暖設備當然也不能少。

最後，讓寶寶學會體驗玩水的快樂。在舒適的環境中，寶寶還是不願洗澡，可以嘗試用玩耍的方式洗澡。可以在浴盆中放上幾個能漂浮的玩具和塑膠酒杯，給寶寶脫掉衣服後，鼓勵他玩玩具，相信他慢慢地就能喜歡上洗澡了。也可以教寶寶踩水，讓寶寶消除對水的恐懼感，之後洗澡就不成問題了。

溫馨提示：

一般來說，寶寶出生後就可以洗澡，每次洗澡時應安排在餵奶前1～2小時，以避免吐奶。另外，季節不同洗澡的次數也不同。夏天時，每天至少1次；冬天時，可以每週洗1次。有時大便後比較髒，也可相對增加次數。

第二節　0～1歲寶寶玩伴篇

一、爺爺奶奶陪我玩！

爸媽訴苦水：

當然希望能夠天天陪著寶寶，可是產假只有那麼幾天，有了寶寶，不能丟了工做啊！全家總動員，爺爺奶奶齊上陣，只是擔心他們身體不好，無力全天照料，而且教育方法多於傳統，不是讓寶寶回到舊時代，就是變成小皇帝、小公主，實在很煩惱。

專家解析：

據中國老齡科研中心對全國城鄉20,083位老人的調查，66.47％的老人曾經照顧孫輩。

上海0～6歲的孩子中有50～60％屬於隔代撫養，廣州則有50％，而北京則多達70％。

祖輩教養有其優勢，也有其劣勢，只有揚長避短才能形成良好的家庭教育氛圍。

所謂優勢，是指祖輩更有照料的經驗和耐心，能夠處理一些基本問題，也有更多的時間陪伴孩子，在幫助寶寶的父母兼顧家庭與事業的同時，也為自己的生活增添很多「天倫之樂」。而且老人也能夠在經濟上滿足寶寶的一些要求，豐富寶寶的成長環境。

然而因為年齡的差異，特別是在我國當代社會迅速變化的大背景下，祖輩教養

存在很多劣勢。其中，因為無法接受子女的教育方式而與子女發生衝突的現象並不少見。

為了解決這一問題，父母們可以參考下面的解決方案：

①應與祖輩即時溝通，理性分析問題，明確共同的目標——為了孩子的成長，這樣就能將對寶寶的不同教養方式統一在一個目標之下，將「敵我矛盾」變成「人民內部矛盾」，共同尋找解決途徑。

②為祖輩提供學習當代育兒知識的機會，可以提供相關的書籍或教學光碟，也可以讓他們與寶寶一起去輔導班和醫院等，同樣的道理由專家或者醫生講出，更能被祖輩接受。

③增加三代同「遊」的時間，不能為了避免正面衝突而減少與祖輩一起照顧寶寶的機會。只有發現問題，才能解決問題，這是不二法則。另外，三代同「遊」能夠在實際操做中融合傳統與現代的教育方式，創造更和諧的家庭教育氛圍，兩全其美，何樂而不為呢？

【案例分析】

媽媽A：「我母親總怕孩子凍著，所以出門的時候給孩子穿很多衣服，弄得孩子沒有辦法自由活動，在戶外也總是坐著。我知道這樣很不好，但也不知如何解決。」

專家解答：

對待長輩不可採用正面衝突等激烈的方式，而要學會使用策略，針對上面的問題，可以在全家人出遊的時候，找一個機會讓老人自己主動脫衣，然後說：「我怎麼沒覺得熱呢？喔，原來是您活動了，身體比較容易發熱。寶寶好動，肯定更會出汗吧！」在老人有切身體會時提出建議，比較容易獲得認可。不必強求老人承認錯誤，只要達到目的，改變老人的行為習慣就行了。

另外，也可以根據天氣情況自己為寶寶準備好衣服，並即時說明原因，告訴老人孩子穿得多就不愛說話，不愛運動，這樣就會阻礙身體健康發育。久而久之，影響孩子的智力，以後無法進入好的學校，相信長輩能夠逐漸明白父母的苦心。

爸爸B：「孩子的爺爺不捨得讓孩子玩新玩具，每次都是藏起好的，拿出舊的，看孩子玩破破爛爛掉了漆的玩具，我覺得很有問題，請問該怎麼辦？」

專家解答：

這涉及到祖輩不同於時下年輕人的消費習慣問題。在祖輩看來，能夠繼續使用的東西就不能丟掉，而且新玩具被孩子玩就是浪費，應該等到孩子不再「蹧蹋」的時候再提供給他們。為了改變這種觀念，父母應該：

①在購買玩具時，選擇耐磨耐摔並且對寶寶沒有安全隱憂的玩具，消除祖輩害怕浪費的顧慮。另外，即時修好或扔掉壞掉的玩具，避免老人拿給孩子。

②向老人說明，給寶寶提供的每樣玩具都是適合特定年齡階段的，一旦過了此年齡，玩具就失去了教育功能，那才是更大的浪費。而且使用不適合年齡的玩具會直接影響寶寶的智力發育，相信只要祖輩知道這一點，便不會再堅持自己原來的行為了。

溫馨提示：

祖輩教養的好處多多，善加引導即可使他們成為寶寶的最佳玩伴。當出現問題時，一些小玩笑、一個善意的謊言都能夠輕鬆解決很多問題，大可不必板著臉講大道理，回想自己的童年，沒有幾次是真正在說教中領悟道理的吧！將心比心，一切都能迎刃而解了。

二、壞叔叔又來了

寶寶說：「很多壞叔叔、壞阿姨，一進門就摸我的臉，也不管自己的手乾不乾淨，有的還湊上臉來磨蹭，叔叔臉上的鬍鬚很扎，阿姨臉上的化妝品也讓我不舒服。爸爸媽媽在一旁看著，根本不幫忙，哼，成人的世界好討厭！」

爸媽說：「現在養孩子需要莫大的勇

氣，除了物質方面的準備，還需要家長提早做好心理準備。當我家的寶寶出生後，很多朋友像發現新大陸一樣，興奮地加入其中，希望能在我家寶寶的身上學得經驗，為自己日後的寶寶做準備。不過這也讓我們很頭疼，寶寶是我們的心肝，又不是他們的實驗品，一不小心，傷到我們的寶寶怎麼辦。可是來者是客，總也不能趕出去吧！真不知如何是好。」

專家解析：

一項調查顯示，城市居民中未生育者的平均年齡（29歲）比已生育者的實際生育年齡（27.3歲）晚了將近2年，比他們自身認為的最合適的生育年齡（26.3歲）也晚了將近3年，說明現今很多年輕人在諸多因素的影響下延後了生育年齡，其中擔心沒有養育子女的精力和能力是重要原因，這就導致很多年輕人傾向於在已有子女的朋友家中嘗試體驗養育子女的過程，免費充當朋友家中的非職業保姆。然而由於沒有相關的知識，不僅給寶寶帶來不良影響，而且不斷受到打擊，更加打消自己養育孩子的念頭。相反地，如果朋友能夠掌握相對的養育知識，並且適應寶寶的要求，就能夠為寶寶帶來不同於父母的外部刺激，

豐富寶寶的成長環境，促進社會交往能力的發展，成為促進寶寶健康成長的有益因素。

建議已有寶寶的父母們，在可能的情況下，盡量避免朋友直接接觸3個月以內的寶寶，這時寶寶的身體狀況較不穩定，需要更安全的環境。如果朋友的願望強烈，可以在3個月以後，並且在事先「培訓」的情況下，適當給予參與機會，共同分享養育後代的快樂。

基於此，應該與朋友們約法三章：

①保證健康。在接觸寶寶前應做到：換鞋、洗手、更衣。如果身體有疾病，則絕對不能接觸寶寶。如果需要到家以外的環境，必須事先確定安全性，並即時與寶寶父母溝通。

②保證快樂。不是指朋友的快樂，而是指寶寶的快樂。要給寶寶創造一個舒適愉悅的氛圍，滿足寶寶的玩樂要求，不能怕麻煩，一味要求寶寶聽話。

③保證有教育意義。在滿足健康和快樂的前提下，適當添加有教育價值的內容，促進寶寶的全面發展。

為了滿足上面的三點要求，特別是第三點要求，需要爸媽代替寶寶為朋友們上上課，補充基本的知識，也可以要求朋友自學一些育兒知識，在合做中共同為寶寶創造良好的家庭教育環境。同時，將寶寶的最近情況告知朋友，比如寶寶當天的身體情況、最近的發育情況，需要使用的物品和適宜的玩具、遊戲等，為朋友做好準備，可以將上述內容寫在紙上，方便朋友隨時查閱。最後就是給予一定的信心和一定的自主權，讓朋友也發揮自己的想像力，豐富寶寶的生活空間。

溫馨提示：

寶寶允許生人接觸需要一個過程，初期可以在母親的主導下，讓朋友做為第三人出現在環境中，然後逐漸將主導權暫時性地交給第三人，但母親一定要在身邊，最終可以由朋友暫時代替母親。當然，朋友的加入只是一個補充，父母還是寶寶最重要的玩伴。

【歪招】

這裡有一個小竅門，解決朋友初次加入時的尷尬問題。6、7個月的寶寶已經開始喜歡上捉迷藏的遊戲，可以將寶寶的眼睛矇起來，然後打開，或者將某個玩具藏起再拿出，這樣簡單的遊戲可以迅速獲得寶寶的喜愛，所以當朋友初次到來時，可以用這種遊戲拉近距離，而且此遊戲操做簡單，方式多變，隨時隨地都可以進行。

三、爸爸媽媽才是我的最佳拍檔

寶寶說：「無論如何，我還是最喜歡爸爸媽媽了，誰也代替不了！」

爸媽反對理由一：工做繁忙，實在沒有時間！

寶寶駁回：「時間是由自己控制的，只有不願意做的事情才會沒有時間，難道你們不喜歡我嗎？」

專家建議：

爸爸和媽媽可以合理分工，將各自的時間安排得當，不必要參加的活動盡量減少，教育寶寶才是頭等大事。

按照不同的情況，可以分為以下四種模式：

①爸媽合做模式：兩個人的時間都比較充裕，可以共同照顧孩子，這是最佳模式。

②媽媽主導模式：媽媽的時間相對比較充裕，主要負責照顧寶寶的生活起居，關注安全多過刺激。而爸爸可以高效利用時間，陪寶寶做一些媽媽平時難以獨自完成的內容。因為爸爸陪寶寶玩耍時更加大膽，多過對安全的一味關注，所以能夠帶給寶寶不一樣的感知刺激，比如大家熟悉的「拋出接住」的遊戲，就是媽媽難以完成的。外出遊玩，媽媽一人難以應對複雜的環境，爸爸的主動參與本身就是對媽媽的一種支持，讓媽媽感到爸爸也在努力承擔起自己的責任，兩個人分擔辛苦也分享快樂。

③爸爸主導模式：兩人之中爸爸的時間比較充裕，這就需要爸爸也學習照顧寶寶的生活起居，學會細心和耐心，並在過程中加入遊戲的成分。詳細內容見下面的「寶寶遊戲、玩具篇」。

④保姆或祖輩主導模式：爸爸和媽媽都忙於工做，將養育寶寶的責任交給了保姆或者祖輩。但是爸媽不能一味推卸責任，應該在時間允許的時候更有效率地陪伴子女，參與遊戲。

爸媽反對理由二：自己沒有經驗，交給接受過專業培訓的保姆也許更好。

寶寶駁回：保姆雖好，卻不是爸爸媽媽，她沒有爸爸媽媽更愛我。

專家建議：保姆雖然接受過專門的培訓，但這種培訓的普遍適用性強，對獨立個體的特徵無法完全照顧到，並不能從一開始就瞭解寶寶的特徵，比如寶寶的身體狀況，寶寶喜愛的玩具，寶寶的一日做息習慣等。另外，保姆將照顧寶寶視做一項工做，怠工現象很可能會在爸爸媽媽不在家的時候發生，而寶寶不能說話，無法表達自己的意見，問題不能被發現，最終受苦的還是寶寶。所以說，保姆只是一個補充的力量，主力軍還是父母。

解決之策是，爸媽主動學習育兒知識，負責直接接觸寶寶的工做和教育，由保姆負責不用直接接觸寶寶的工做，比如洗衣服、打掃清潔等，這樣就能為爸媽空出時間學習和工做，更有利於寶寶的健康成長。

四、原來有和我一樣的小朋友

寶寶Ａ（７個月）說：「哈哈，原來世界上還有和我一樣的人，他們也小小的，肉肉的，當然都沒有我漂亮了！不過，如果能和他們一起玩，應該會很開心。」

寶寶Ｂ（４個月）說：「我才不要和別的小朋友玩呢！他們長的那麼奇怪，有的還在地上走，真的很奇怪。」

專家解析：

根據八大智慧理論，寶寶擁有人際交往智慧和自我認知智慧。

1歲及以下幼兒的人際交往智慧的發展情況如下：

①0～6個月：親子交流的關鍵階段。幼兒具有發出資訊和樂於接受母親回應的本能，這種最初的母子雙向交流是幼兒發展一切社會交際能力的基礎。1、2個月的幼兒在聽到其他幼兒哭泣時，會同樣發出哭泣的聲音，做為一種「聲援」，這是其人際交往智慧的一種表現。5、6個月以後的幼兒，已經學會注視並撫慰其他哭泣的幼兒。

②7個月～1歲左右：幼兒開展原始交往的階段。7、8個月的幼兒開始願意接觸、關注同年齡人，不願意一人獨處或玩玩具。

1歲及以下幼兒的自我認知智慧的發展情況如下：

①0～6個月：4個月大的幼兒會開始注意其他幼兒的存在。此時，爸爸媽媽應該讓寶寶

多與年齡相仿的小朋友接觸，共同玩玩具、玩遊戲，增進寶寶與他人互動的能力。進而幫助他們瞭解自己與其他同年齡寶寶的異同。

②7～12個月：幼兒已經學會依據大人的視線關注某樣物體，還喜歡和人玩躲貓貓；且已經學會認人，看到陌生人時，可能會哭鬧不安。此時的幼兒已經有意願地和其他小朋友一起玩，且懂得用「點頭」、「搖頭」來表達自己的意願。此階段，為了給幼兒足夠的安全感，不能離開寶寶太久，避免產生「分離焦慮」，即由於與父母分離而給幼兒帶來的焦慮情緒。此階段中，爸爸媽媽可以用問題讓寶寶表達自己的想法，比如問他「寶寶想要什麼呀？」、「寶寶喜歡和誰玩呢？」引導孩子用語言表達對環境的感受。當然，考慮到幼兒語言能力水準有限，爸爸媽媽一定要有耐心。

根據上面的理論，爸爸媽媽在面對寶寶的同伴交往問題時，應該堅持以下原則：始終支持寶寶與同伴交往；在出現問題時，盡量讓寶寶和同伴自行解決。爸爸媽媽只負責保證寶寶的基本安全，同時提供環境和智力支援，即為寶寶提供玩耍的環境，在寶寶遇到知識性問題時，給予解答。

充電

八大智慧理論

理論提出者——霍德華．加德納（Dr. Gardner），哈佛大學的教育學教授。

人的八大智慧是指：

Ⅰ、**語言智慧**，指用語言思維、表達和欣賞語言深層內涵的能力。從事做家、記者、詩人、演說家等職業的人，都具有較高水準的語言智慧。

Ⅱ、**邏輯**——數學智慧，指人能夠計算、量化、思考命題和假設，並進行複雜的數學運算的能力。從事科學家、數學家、會計師、工程師和電腦程式設

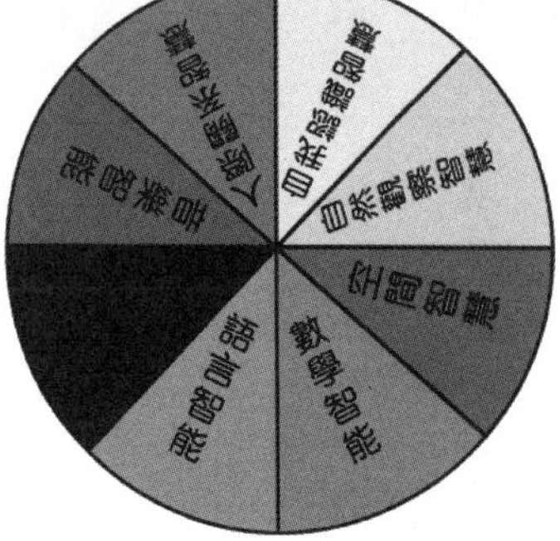

計師等職業的人，具有較強的邏輯——數學智慧。

Ⅲ、**空間智慧**，指人利用三維空間的方向進行思維的能力，航海家、飛行員、畫家和建築師等具有較強的空間的智慧，當然數學家也需要擁有這樣的智慧。

Ⅳ、**身體**——運動智慧，是指能巧妙的操縱物體和調整身體方位的能力。從事運動員、舞蹈家、外科醫生和手工藝人等職業的人，具有較強的這種智慧。

Ⅴ、**音樂智慧**，指人敏銳地感知旋律、音調、節奏和音色的能力。指揮家、做曲家、樂師、音樂評論家、樂器製造者和音樂愛好者，具有較強這種智慧。

Ⅵ、**人際關係智慧**，是指能夠有效地理解別人並與人交往的能力。成功的教師、社會工做者、政治家就是很好的例子。當然，這種能力是每個人都應該具有的。

Ⅶ、**自我認知智慧**（即內省智慧），指建構正確自我知覺並善於利用這種知覺引導自己人生的能力。各種事業成功的人士都具有這種智慧。

Ⅷ、**自然觀察智慧**，指人觀察自然界中的各種物體，並對其進行辨認和分類的能力。植物學家、生態學家等就具有這種智慧。

加德納提出八大智慧理論的最主要貢獻是拓展了學校教育和家庭教育的教育目標，進而促進個體的全面發展，這也是爸媽們應該領悟的一種教育精神。

第三節 ○～１歲寶寶玩具、遊戲篇

寶寶寄語：「曾經有一套最棒的玩具擺在我的面前，我沒有珍惜，等到失去的時候才追悔莫及，人世間最痛苦的事情莫過於此。如果上天能夠給我一個重新來過的機會，我會將那套玩具立刻拿起，如果非要給我的童年加上一個期限，我希望是：一萬年！」

一、我的玩具，我的遊戲

寶寶A說：「我可以天天玩玩具、遊戲，一點都不膩，這就是我的天職。」

寶寶B說：「有的玩具一點也不好玩，好像更適合爸爸媽媽的品味，讓他們玩吧！」

寶寶C說：「爸爸媽媽不陪我，我根本不想玩。」

爸媽說：「那麼多玩具和遊戲，根本不知該選哪個啊！這才是最大的問題。」

專家解析

1歲以下的寶寶發育非常迅速，每天都能看到他們的變化，所以要根據寶寶每個月成長的不同需要，為寶寶提供適合的玩具和遊戲。

【1～2個月】

此時寶寶的目光只能短暫停留在某個物體上，可以在小床上方懸掛彩色的玩具，如氣球或紙質的動物玩具，最好是色彩鮮豔、結構簡單、體積較大、帶有音樂聲響的玩具，數量不宜過多。根據寶寶平躺時的位置，將玩具懸掛在寶寶胸部正上方視線可及之處，如果玩具較大，可距離70公分，如果玩具較小，則應距離40公分以下。

注意：不要放在寶寶眼睛正上方，以免寶寶眼睛疲勞而引起斜眼、鬥雞眼等病症。爸爸媽媽可以在一旁緩慢移動玩具，訓練嬰兒追視能力，還可以在寶寶耳邊輕輕地搖鈴，使其跟著聲音做轉頭動作。

爸爸媽媽可以盡量發揮想像力，自己創造遊戲。在照顧寶寶日常生活起居的過程中，也可以將一些小遊戲融入其中。比如為了鍛鍊寶寶的聽視覺能力，抓住餵奶的時機，與寶寶目光相對並且輕聲交談：「好喝嗎？要多喝一點啊！」給予聽覺、視覺刺激的同時，為寶寶帶來安全感。再比如，平時散步時，媽媽可以玩「眼睛追逐遊戲」，媽媽先注視寶寶的眼睛並保持一段時間，然後慢慢地移開視線，這時嬰兒的瞳孔會隨著母親移動，左右來回移動2～3次後休息，便可達到鍛鍊寶寶眼肌和視覺能力發育的做用。

溫馨提示：

上述玩具和遊戲能夠起到全面促進幼兒發育的做用，不僅包括幼兒的聽覺、視覺等感

知覺能力的發育，也能夠促進幼兒身體肌肉和智力的發育，因為寶寶的各方面能力之間具有密切的關係，所以爸爸媽媽大可不必擔心玩具和遊戲的做用不夠全面，只是每樣玩具和遊戲都有所偏重，所以需要盡可能豐富。

【3～4個月】

此時的寶寶已初步具有了手眼協調能力，即能夠將視覺和觸覺協調起來共同完成任務，如抓搖鈴，並能夠搖晃物體，聽覺的敏感度也提高了，喜歡聽到各種聲音。所以可增加可拍打的和可發出聲音的玩具，比如氣球和可搖動的鈴鐺。舊玩具也可繼續使用，只是換一種使用方式，比如可以用玩具逗引寶寶，讓寶寶伸手抓玩具，就能夠鍛鍊寶寶的大動作和精細動作的協調能力。

溫馨提示：

這時的寶寶能夠藉助外力坐起，所以應將懸掛玩具的位置升高，遊戲活動也更豐富。在室內時，可以將寶寶豎直抱起，帶寶寶觀看四周的物體，同時將每個物體對應的名字向寶寶重複，如「這是電視機」、「這是燈」、「這是桌子」、「這是花」等等，這樣做，可以訓練寶寶將聲音和物體聯繫起來的能力，形成初步的條件反射。

同樣的目的，可以換成不同的方式。比如將寶寶抱至檯燈前，先將檯燈打開，同時說「燈」，然後關閉檯燈，如此反覆。一開始寶寶可能沒有注意到檯燈，慢慢得會被光亮吸引，將目光對向檯燈，這時，再次重複上面的動作，就能夠讓寶寶將「燈」這個詞與具體物體聯繫起來，之後再次重複唸「燈」，即使檯燈沒有打開，寶寶也會將目光轉向檯燈，進而形成條件反射。這種條件反射經過幾次鞏固便能永久保持下去。也可以利用鏡子，讓寶寶從另一個角度觀察自己和爸爸媽媽，同時將鏡子裡的形象與「媽媽」或「爸爸」聯繫起來，逐漸從不認人向能夠認人的方向發展。觸摸鏡子也能給予寶寶一定的觸覺刺激。

天氣暖和時，將寶寶抱到室外，讓寶寶觀察室外的物體。爸爸媽媽可以模擬鳥叫聲，然後告訴寶寶「這是小鳥」，同時讓寶寶看到小鳥，進而將聲音、圖像和語言三者結合起來。如此反覆，可以提高寶寶對各種聲音的辨別能力。

【5～6個月】

肢體大動作方面，寶寶已會翻身，能自由改變身體的姿勢，所以可增加吹塑玩具、發響玩具等，爸爸媽媽可以拿著這些玩具引導寶寶改變體位（由仰臥位翻到側臥位，由側臥位翻到俯臥位），進而發展寶寶的翻身動作。另外也可以在嬰兒俯臥的前方懸掛或擺放有趣、好看的動物、娃娃玩具等，逗引寶寶自己支撐身體坐起，然後伸手抓取玩具。

溫馨提示：

爸爸媽媽在選擇玩具和逗引寶寶時要注意以下幾點：

①玩具的大小要合適，約長6公分、寬4公分。玩具太大，寶寶會抓不住、捏不響；玩具太小，容易被寶寶放入口中誤食。

②玩具必須無毒無害、無稜角，並易於清洗、消毒，比較堅實耐玩。

③精細動作方面，寶寶能夠抓握玩具，可以使用吊拉玩具，即能被拉長的玩具，因此可將一些玩具用鬆緊帶拴在床沿，寶寶睡醒的時候，就能輕鬆地用手抓取這些玩具，甚至會放到嘴裡啃咬。透過拉、扯和啃咬，豐富寶寶的感知覺經驗。當然這就要求保持玩具的清潔。

④可以適當增加電動、機械玩具，成人電動玩具，這些玩具就會發出各種聲音或做各種有趣的動作，方便在室內使用。需要提醒的是，爸爸媽媽可以根據自己的能力適當購買，這類玩具並非必須。另外可供選擇的玩具還有絨毛玩具、立體書、磨牙環等，其做用都是透過豐富寶寶的感知覺經驗，促進寶寶智力發育。

同樣地，這個階段的遊戲也以提高寶寶的全身協調能力和智力水準為目的，各有側重，舉例如下：

售貨員遊戲

遊戲目的：訓練寶寶坐的動作和手的精細度；強化寶寶對色彩的分辨能力。

遊戲過程：

(1)先在一個玩具小櫃中放入很多五顏六色的玩具。

(2)讓寶寶坐在床上，從櫃中取出玩具，每拿出一件便告訴寶寶是什麼。寶寶會受到顏色的吸引而伸手去抓，抓到後便會特別高興。

拉大鋸遊戲

遊戲目的：鍛鍊寶寶坐起的動作和語言與動作的協調能力，並培養幼兒對節奏的感知。

遊戲過程：

(1)讓寶寶面對媽媽坐在媽媽的膝蓋上，拉住手。

(2)邊唸歌謠邊前後搖動：「拉大鋸，扯大鋸，外婆家，唱大戲。媽媽去，爸爸去，小寶寶，也要去！」

(3)唸到最後一個字時分開手，讓寶寶的身體向後傾斜，可以直接倒在床上。如此反覆幾次，以後每次唸到「也要去」的時候，寶寶就會主動將身體按照節拍向後倒。

註：寶寶身體向後倒時確保安全。

積木倒手遊戲

遊戲目的：訓練幼兒的模仿能力和手眼協調能力。

遊戲過程：

(1)準備若干積木。

(2)父母將積木從一隻手傳遞到另一隻手，逗引寶寶從手中拿取。

(3)父母假裝奪取積木，讓寶寶模仿父母的動作，將積木從一隻手向另一隻手中傳遞，如此反覆。

遊戲指導：父母奪取積木的動作不宜過快，給寶寶一定的學習時間。

蝴蝶飛飛遊戲

遊戲目的：訓練寶寶手眼協調能力、語言和身體動作協調能力；鍛鍊手部肌肉。

遊戲過程：

(1)媽媽採用坐姿，讓寶寶背對媽媽坐在懷中（像小袋鼠在媽媽的袋子裡一樣）。

(2)媽媽兩手抓住寶寶的雙手，用食指和拇指夾住寶寶手掌。

(3)將寶寶的兩手拇指尖併攏又分開，併攏時上下晃動，同時說「蝴蝶飛、蝴蝶飛」，分開時說「飛……」。

(4)反覆進行幾次。

遊戲指導：媽媽的語調保持親切自然，動作輕柔。

青蛙跳下水遊戲

遊戲目的：發展寶寶的下肢力量，提升寶寶的語言和動作的協調能力。

遊戲內容：

(1)媽媽採取坐姿，將大腿平放，扶幼兒面對面站在腿上。

(2)媽媽唱歌謠：「一隻青蛙一張嘴，兩隻眼睛四條腿，撲通撲通跳下水」。當唸到「跳」時，舉著寶寶蹦蹦跳。

(3)反覆進行幾次。

註：媽媽手扶著寶寶時，不宜太用力。

捏疙瘩遊戲

遊戲目的：鍛鍊寶寶手指的靈活性；訓練語言與動作的協調能力。

遊戲過程：

(1)媽媽把寶寶抱坐在腿上，使寶寶背靠媽媽的胸前（像小袋鼠在媽媽的袋子裡一樣），雙手扶住寶寶的雙手。

(2)媽媽把寶寶的一隻手握成鐽頭狀，對寶寶說：「捏疙瘩、捏疙瘩，看寶寶能捏幾下。」

(3)唸歌謠：「捏疙瘩、捏疙瘩，捏一下，捏兩下，捏一捏，數一數，算一算，一共捏了幾個小疙瘩，捏、捏、捏，一、二、三、四、五。」幫寶寶一一打開握拳的手指頭。

(4)如此重複幾次，嘗試不握寶寶的手，當唸一、二、三、四、五時，讓寶寶自己把手打開。

遊戲指導：這個遊戲也可以是這樣做：按照上面的坐姿，用兩隻手把寶寶的一隻手打開再握住，你會看到他的另一隻手也在握住、打開，如此重複幾遍後，可以面對寶寶，在他面前將自己的手慢慢地打開再握住，觀察寶寶是否會跟著你的節奏做動作。在向寶寶示範動作時，一定要配合相對的語言，比如說：「寶寶，看，握住，打開，握住，打開。」這樣能幫助寶寶的動作與語言協調起來，為以後寶寶根據語言做動作打下基礎。

爬行構物遊戲

遊戲目的：訓練寶寶肢體大動作的協調能力。

遊戲過程：用玩具逗引幫助寶寶練習爬行，爸爸媽媽可以合理分工，一人拿玩具，一人在寶寶旁邊示範動作。

遊戲指導：如果寶寶尚無法獨立完成，爸爸媽媽可以將手放在寶寶腳底，隨著他的動作輕輕向前推動，幫助他向前爬行，以後逐漸地用手或毛巾提起腹部，使身體重量落在手和膝上，以便向前爬行。

【7～9個月】

在肢體大動作方面，此時的寶寶已經會爬、會坐，喜歡在床上或地板上爬來爬去，應準備一些能夠吸引他爬行的球類玩具，比如能夠被寶寶抓住的小球，能發出聲響的更好。小汽車也可以，目的是讓寶寶追趕玩具，增強體質和身體協調能力。

在認知能力方面，此時寶寶喜歡各種聲音，以敲敲打打為樂，所以可準備玩玩具電

話、小木琴、小鼓、金屬鍋、金屬盤等。

另外，還可增加的玩具有洗澡玩具、遙控汽車或可推拉的玩具，不易損壞的布質的書。利用以上玩具，可適當開展以下遊戲：

追皮球遊戲

遊戲準備：1個彩色皮球，寶寶能夠獨立匍匐前行。

遊戲目的：訓練寶寶昂首、挺胸、抬腰和四肢支撐身體等能力，同時提高身體保持平衡和協調的能力。

遊戲過程：在寶寶面前放皮球，托起腹部吸引孩子用手膝爬過去抓取小皮球。

溫馨提示：

皮球不宜過大，應以寶寶單手能拿住為標準。

平衡感訓練遊戲

遊戲準備：室外：鞦韆、轉椅或溜滑梯；室內：一個結實的被單。

遊戲目的：培養寶寶的空間感，提高肢體平衡能力。

遊戲過程：在室外，由爸爸媽媽抱著寶寶在鞦韆上晃動，或坐在轉椅中，或抱著寶寶坐溜滑梯；在室內，爸爸媽媽可以將寶寶放在結實的被單裡，兩人各拉被單的兩端輕輕晃動。

溫馨提示：

注意安全，鞦韆的速度不宜過快，盪

的幅度也不宜過大，可根據寶寶的反應而定。如果利用溜滑梯，則可以不上滑梯，只是抱著寶寶坐在溜滑梯口處，一次一次地滑下去、坐上來，效果也很好。晃動小被子或床單時應盡量緩慢、兩手抓緊，避免寶寶受到驚嚇或摔下來，時刻關注寶寶的反應，做出調整。

跳一跳遊戲

遊戲目的：練習跳躍，發展寶寶肢體大動作能力，訓練語言與動作的協調能力。

遊戲過程：

(1)讓寶寶手扶小床或欄杆站立。

(2)用玩具在寶寶上方逗引寶寶向上跳，並向寶寶發出指令：「跳一跳」、「跳一跳」，然後適時地給予言語鼓勵：「跳

得真棒！」

齊步走遊戲

遊戲目的：訓練孩子站立能力和平衡能力，初步掌握走路技巧。

遊戲過程：

(1)讓寶寶抓住自己的大拇指，輕輕將他從躺姿拉成坐姿，再慢慢站起，如此重複幾遍。

(2)等寶寶能獨自站起後，在床沿上掛些玩具，吸引寶寶站起來拿，媽媽在旁邊幫助和照顧。也可由媽媽手裡拿著玩具，吸引

寶寶自己站起來。

(3)讓寶寶在床上站好，用手輕輕地推他一下，使他失去平衡，盡量讓他自己尋找平衡重新站好，如果寶寶無法自己重新站好，就用手扶住寶寶，以免摔傷。如果床上的安全措施完善，不會摔傷孩子，讓他輕輕跌倒也沒有關係。

(4)站立和平衡的訓練結束後，讓寶寶背靠在媽媽的兩腿前，兩腳分別踩在媽媽的兩隻腳面上，媽媽兩手扶著寶寶的腋下，喊著「一二一」的口令，邁著適合寶寶的小步伐帶動他向前走。

遊戲指導：

(1)可在寶寶床邊設置小圍欄，或使用有圍欄的小床。

(2)寶寶站立的時間不宜過長，推寶寶的力量要適中，能使他稍微搖晃即可。

(3)最後步驟的走路遊戲，每天安排2次，每次1～2分鐘，可逐漸增加時間，使寶寶自然學會走路。

沙袋遊戲

遊戲目的：訓練精細動作的能力。

遊戲過程：

(1)媽媽幫助寶寶將豆子袋堆放在一起。

(2)媽媽拿出一個袋子拋起，讓寶寶模仿。

(3)將堆起和拋起的動作反覆幾次。

溫馨提示：

豆子袋的填充物不宜過硬，以玉米粒為最佳。

聽媽媽說不遊戲

遊戲目的：培養寶寶對規則的認識。

遊戲過程：

(1)當寶寶將玩具放入嘴裡或拿不該拿的東西時，爸爸媽媽大人要一邊說「不」一邊搖頭擺手，做出不許或不高興的表情。

(2)如果寶寶聽懂了不繼續做就應立刻說：「好寶寶，真聽話！」如果仍繼續做表示還未聽懂，大人就要一邊制止活動，一邊板起臉孔說「不好」。

【10～12個月】

在肢體大動作方面，此時的寶寶已經能夠站立和行走，可增加一些能逗引寶寶站立和行走的玩具，包括各種動物玩具、絨毛玩具、遙控車、拖拉玩具等，也可購買搖搖馬等訓練幼兒平衡能力的玩具。

在精細動作方面，寶寶已經能用拇指和食指抓東西，所以為了發展其手部小肌肉的協調性，可增加小容器、敲錘、套塔、套碗、積木等操做程序比較複雜的玩具。

在語言能力上，基本能夠理解母親大多數指令的涵義，可以學習複雜的詞和句子。所以可增加一些對發展語言能力有幫助的玩具：

(1)小狗、小貓、小雞、小鴨等動物玩具，發展寶寶對動物的識別能力的同時可引導寶寶學小動物的叫聲，發展語言能力。

(2)人偶玩具。可引導寶寶認識家裡和周圍的成人，同時學習爺爺、奶奶、叔叔、阿姨、哥哥、姐姐等稱謂，還可利用這些玩具教寶寶學講話，學招手、揮手等基本禮儀。

(3)圖書，在爸爸媽媽的引導下，識別圖書上的圖案，學習語言，並透過這些圖書學習基本生活常識。

利用上面的玩具，可設計很多遊戲，比如：

找夾頁遊戲

遊戲目的：培養寶寶翻書和撕紙等精細動作能力，同時學習圖片對應的詞語，培養基本的閱讀能力。

遊戲過程：

(1)爸爸媽媽和寶寶一起在報紙或雜誌中選取喜歡的圖畫，撕下來放在文件夾中。

(2)爸爸媽媽和寶寶一起翻閱文件夾，學習相對的圖畫對應的詞語。

(3)等到寶寶熟悉每個圖畫的名稱後，爸爸媽媽說出詞語，讓寶寶找到相對的圖片。

打電話遊戲

遊戲目的：培養寶寶的語言能力，並熟悉自己的名字。

遊戲過程：

(1)準備兩臺玩具電話或拔掉電話線的真電話。（可以自己動手，用兩個紙筒和一根線做成簡易電話。）

(2)讓寶寶坐在爸爸媽媽的膝上，把一個電話放在自己的耳邊，另一個電話放在寶寶的耳邊，爸爸媽媽先和寶寶講話：「喂，×××（寶寶的名字）。」寶寶會重複自己的名字。

(3)將上述行為重複幾遍後，可以用簡單的長句與寶寶交談，盡量使用他熟悉的詞，如「爸爸」、「寶寶」、「你好」、「再見」等，然後由寶寶重複。

打結拍遊戲

遊戲目的：發展音樂意識和精細運動能力。

遊戲過程：

(1)在一個有蓋的罐頭或小容器中放1／3的豆子，讓寶寶上下搖動感知其聲音。

(2)放寶寶喜歡的歌曲，每唱完一句，就加唱「嚓、嚓、嚓」，同時握著寶寶的手搖搖罐頭。

(3)如此重複幾遍，讓寶寶能夠逐漸自己搖動罐頭並加唱「嚓、嚓、嚓」。

總而言之，根據每個階段寶寶的不同特徵，給寶寶增加不同的玩具，同時搭配合適的遊戲，幫助發展寶寶的各項能力。

二、我有專屬健身教練和按摩師

【寶寶體操】

對6個月以內的幼兒而言，自主活動能力差，還無法進行有目的的活動，所以被動體操是個鍛鍊全身的好方法。經過總結，在這裡介紹一套體操。

預備姿勢：寶寶仰臥，爸爸媽媽雙手握住寶寶的雙腕，大拇指放在寶寶掌心裡，讓寶寶握緊，兩臂放於體側。

第一節：胸部運動。

將寶寶的雙臂向左右分開，然後向胸前交叉，再還原，共做8次。

第二節：臂伸曲運動。

預備姿勢同第一節。彎曲寶寶的肘關節，使手觸肩再還原，左

右替換著做，每側4次。

第三節：上肢迴旋動作。

預備姿勢同第一節。以肩關節為軸，將上肢由內向外旋轉，左右替換著做，每側4次。

第四節：兩手左右分開、向上舉、前平舉。

預備姿勢同第一節。兩臂左右分開，向上舉，前平舉，然後還原，共做8次。

第五節：兩腿同時伸曲。

預備姿勢同第一節。爸爸媽媽雙手握住寶寶的腳踝，將寶寶雙腿同向上曲縮到腹部，然後再還原，共做8次。

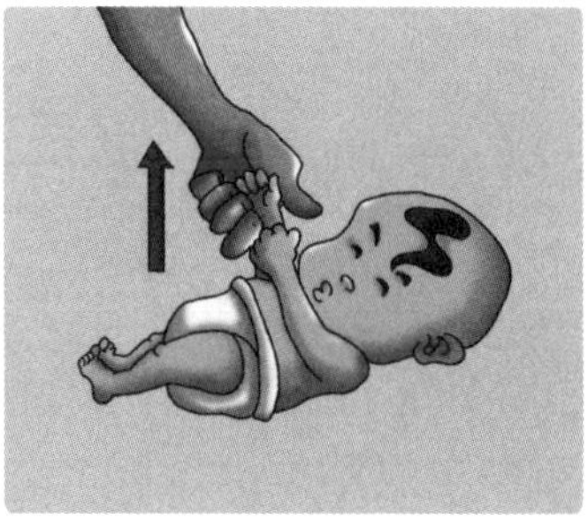

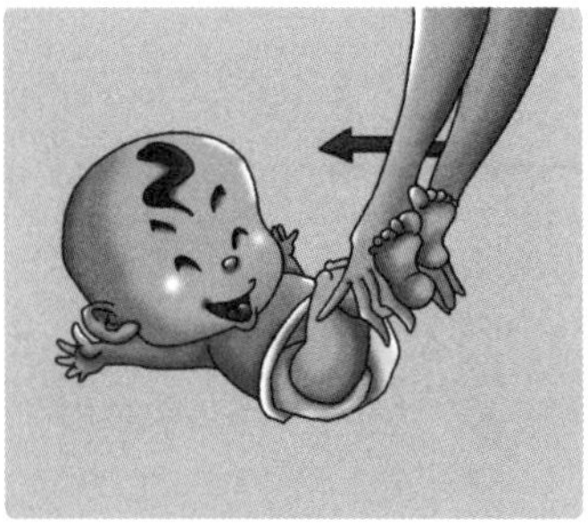

第六節：兩腿輪換伸曲。

預備姿勢同第一節。做法同前，兩腿交替著做，各做4次。

第七節：兩腿伸直上舉。

預備姿勢同第一節。兩腿伸直，爸爸媽媽雙手握住寶寶的膝部，把寶寶的雙腿伸直上舉，使之與腹部成直角，共做8次。

第八節：下肢迴旋動作。

預備姿勢同第一節。使寶寶下肢以髖關節為軸，由內向外旋轉，左右輪流著做，每側4次。

對已經6～8個月的寶寶來說，除了做被動體操外，還可以做4節主動體操。

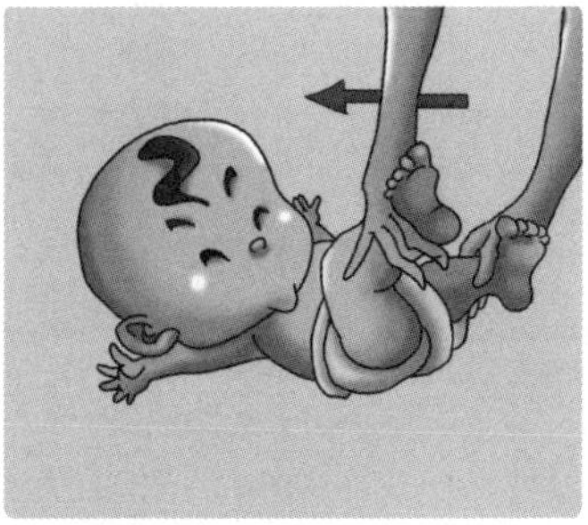

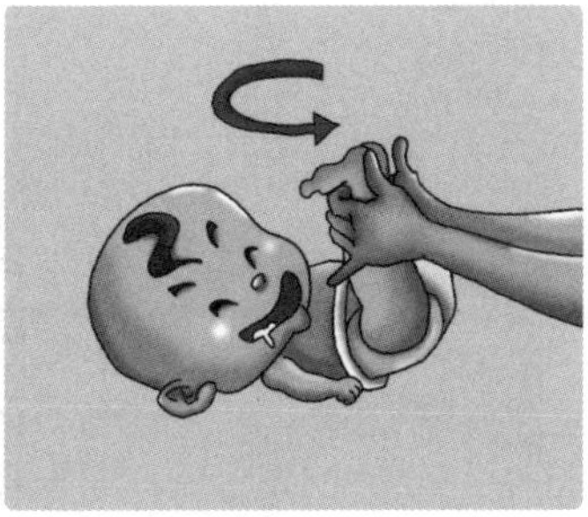

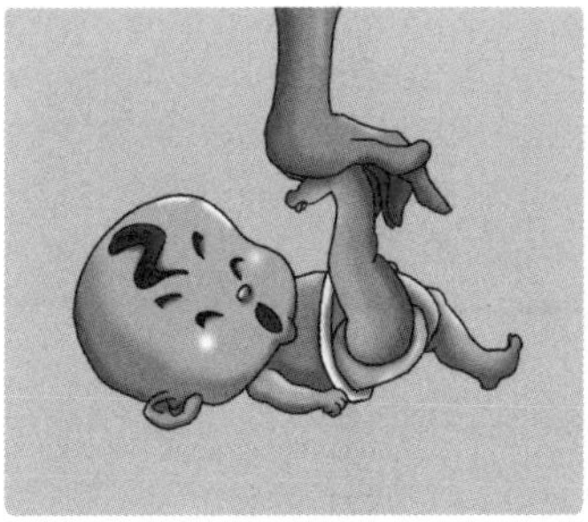

溫馨提示：

幼兒體操每天可進行1～2次，應安排在餵奶後一小時至下次餵奶前進行，以避免引起吐奶。做操時室溫應保持在18～20℃，給寶寶穿單衣即可。做操人的手應溫暖，幫寶寶做被動操時要溫柔有節奏感，手的力度可隨著月齡的增長而逐漸增加強度。

正常情況下，做操時不會出現阻力，寶寶不會哭鬧。如果出現這些情況，應暫停運動並檢查發生的原因。

【撫觸寶寶】

撫觸寶寶能夠促進母子情感交流，建立親子依賴，同時促進寶寶神經系統的發育，完善免疫系統，提高免疫力，加快寶寶對食物的吸收。

撫觸寶寶的順序是：頭部→胸部→腹部→上肢→下肢→背部→臀部。

Step 1　頭部。

(1)用兩手拇指的指腹從眉間向臉部兩側滑動。

(2)兩手拇指依次從下頜的上部和下部中央向外側和上方滑動，讓上下唇形成微笑狀。

(3)一手托頭，用另一隻手的指腹從前額髮際向上方、後方滑動。

(4)至後下髮際，停止於兩耳後的乳突處，輕輕按壓數秒。

Step 2　胸部。

兩手分別從胸部的外下方（兩側肋下緣）向對側上方交叉推進，至兩側肩部，在胸部劃一個大的交叉，注意避開寶寶的乳頭。

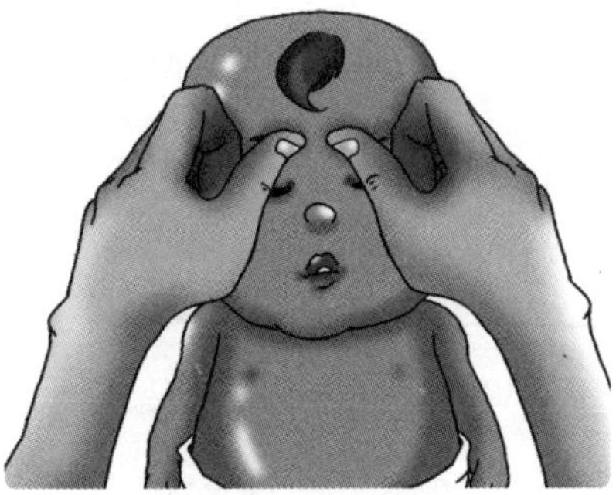

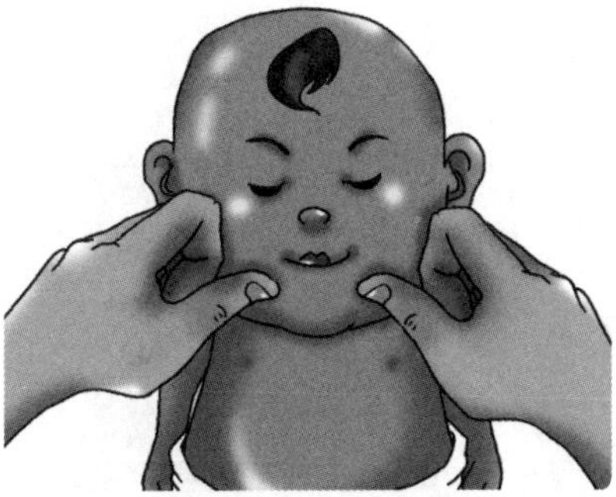

Step 3 腹部。

食指、中指依次從寶寶的右下腹至上腹向左下腹移動，按順時針方向畫個半圓，注意避開寶寶的臍部。

Step 4 四肢。

兩手交替抓住寶寶的一側上肢從腋窩至手腕輕輕滑行，然後在滑行的過程中從近端向遠端分段擠捏。用同樣的方法對另一側的手臂和雙下肢做撫觸。

Step 5 手和足。

用拇指指腹從寶寶的手掌面向手指方向推進，並撫觸每個手指。用同樣的方法在腳掌上做撫觸。

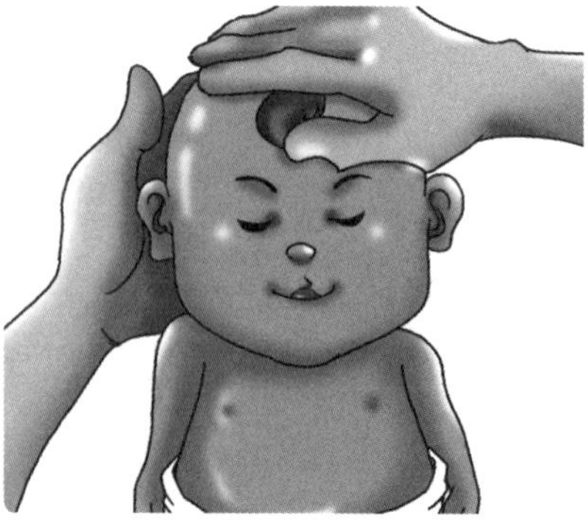

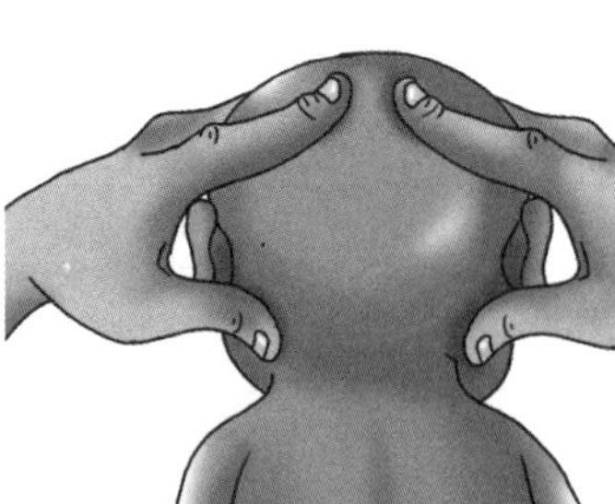

溫馨提示：

為寶寶做撫觸前，應保持室內溫暖，寶寶的姿勢舒適，透過觀察寶寶是否煩躁，可以判斷是否適合做撫觸。和做體操一樣，撫觸應安排在餵奶後一小時至下次餵奶前進行，以避免引起吐奶。提前為寶寶準備好替換的衣物、尿片和包裹寶寶的小毯子，以方便給寶寶做完撫觸後立即穿好。在按摩時，媽媽最好在床上或者自己的大腿處放一條棉質尿布，防備寶寶尿液弄濕床單和媽媽的衣服。

做撫觸時，媽媽的雙手要溫暖、光滑，指甲要短，無倒刺，無首飾，無香水，以免劃傷寶寶嬌嫩的皮膚或引起皮膚過敏。可以倒些嬰兒潤膚液於手掌中，雙手搓熱後隨著撫觸的動作塗抹在寶寶身上，起到潤滑做用。

另外，可以同時播放一些節奏紓緩的音樂，為寶寶提供全面的感知覺刺激，媽媽可以一邊做撫觸一邊與寶寶對話，給予言語刺激。

CH 3

我終於可以走路了！

養育寶寶就像坐過山車，你永遠不知道下一個轉彎有多刺激，而且當你剛剛經歷一個轉彎，還沒有回過神，下一個轉彎又來到了：寶寶已經會走了，所到之處家裡一片狼藉……

第一節 1～2歲寶寶特徵篇

照料嬰兒和學步期也就是1周歲的寶寶是完全不同的。在寶寶出生後的第一年，爸爸媽媽忙於瞭解寶寶發出的每一個信號，絞盡腦汁滿足他的所有要求。當寶寶進入學步期，爸爸媽媽關注的焦點不得不發生改變，在這個階段，爸爸媽媽主要幫助寶寶學會自理，培養他們的責任感，鼓勵寶寶探索其周圍的環境，發掘其自身的能力，而不再滿足於對寶寶所有的事情全部包攬了。

在這個過程中，寶寶開始呈現更突飛猛進的變化：

①動作方面，肢體大動作經歷了「獨立站立↓獨立行走↓跑步↓長距離走路↓跳躍」等五個基本階段；精細動作則經歷了「可將小東西放入罐中↓會用夾子↓會敲打玩具↓會用湯匙」等四個基本階段。在此基礎上，寶寶能夠開展更豐富的遊戲活動。

②社會適應性方面，經歷了「可以自己進食和咀嚼→能分清自己喜歡和討厭的東西→會發脾氣→自己開門和關門→逐漸控制自己的情緒」等五個基本階段。

③認知能力方面，主要包括「可以用口、唇做觸覺學習→能從箱子拿出放入東西→認識不同的形狀→初步區分大小」等四個基本階段，認知能力的增強同時也增強了寶寶探索新事物的願望。

④語言能力方面，經歷了「開始有較清晰的兒語→可以認識最簡單的名詞→可以講5個字以上的句子和詞語→比較清晰地表達自己的意思」等四個階段，這時的寶寶能夠初步表達和理解語言，可以與其他幼兒共同玩耍。

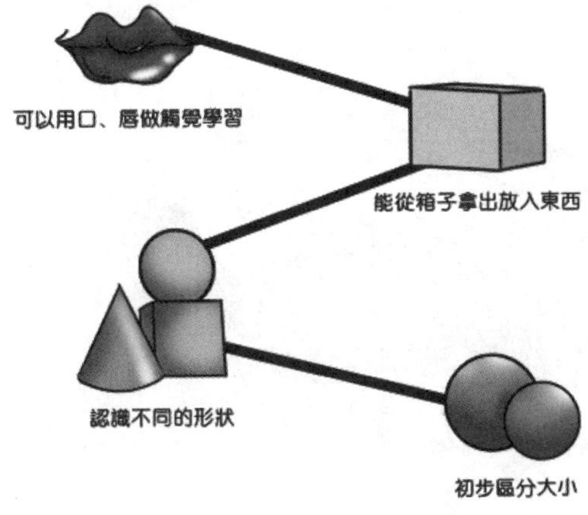
可以用口、唇做觸覺學習
能從箱子拿出放入東西
認識不同的形狀
初步區分大小

在各方面能力逐漸增強的基礎上，寶寶表現出更強的好奇心和探索慾望，像個十足的破壞王，同時出現一定的負面情緒，如分離焦慮、憤怒等，因此爸爸媽媽要學會如何巧妙的解決這些問題。

一、天生破壞王

寶寶：「我終於可以走路了，離開了那個小床，忍不住想要觸摸所有的東西。」

情境再現

地點：客廳裡。

媽媽：「您的寶貝孫子已經學會走路了，家裡所有的東西都逃不出她的小魔

掌。」

奶奶：「沒關係，我們都做好準備了，這裡沒有她能打破的東西。妳把她放下來，讓她自己玩吧！」

媽媽：「天哪，寶寶把桌布扯下來，水杯掉在地上了！」

奶奶：「真是個調皮鬼，還好沒有受傷……」

專家解析：

學步期的幼兒，對各種東西都充滿了探究的慾望，這是本能，也是認識世界的必經之路。他們感興趣的東西很多，不外乎這幾種：各種漂亮的瓶子和瓶子裡的東西，所有帶按鈕的電器，能夠隨風擺動的各種不規則物體等等。他們喜歡將各種瓶子打開，看看裡面是什麼，將電器上的按鈕亂按一通，看看有什麼反應，四處碰碰、摸摸所有沒有見過或者見過但一直存有好奇的東西。

而對於同樣的東西，寶寶們的表現也是不同的，有一些寶寶對一般物品大體上探究一下便會罷手，轉而探究更新鮮有趣的東西。有一些寶寶則要達到自己的目的後，才能結束破壞行動。還有一些寶寶則始終不敢接觸陌生的物品，恐懼心戰勝了好奇心，寶寶只願意躲在爸爸媽媽身後，依賴爸爸媽媽的照顧。

針對三種不同類型的寶寶我們有不同的應對措施：

對於第一種和第二種寶寶：爸爸媽媽應該以正常的眼光看待他們，要知道科學家就是因為對萬事萬物永遠充滿好奇心，才能不斷發現「新大陸」。那麼做為父母，我們就應該：

(1)創造安全的環境

雖然現在提倡所謂的「挫折教育」，強調給寶寶一些痛苦和失敗的經驗，進而學會保護自己，但這要在保證寶寶基本安全的前提下。所以，爸爸媽媽還是要做到：

①將家中有傷害性的物品放在寶寶無法拿到的地方，比如鋒利的刀子、藥品、清潔劑等。

②將電器的插頭和電源隱藏起來或在外面加一個外罩，以免寶寶觸電。

③盡量避免寶寶單獨進入洗手間和廚房這些危險的地方。但是，在實際生活中，難以完全避免寶寶接觸到危險的東西，只有培養寶寶理解「不能碰」才是真正解決的方法。

爸爸媽媽可以在寶寶進入學步期之前，就向他灌輸規則意識，利用遊戲幫助寶寶學會遵守規則，如第二章第九節針對7～9個月寶寶的遊戲中，就有一個「聽媽媽說『不許』」的遊戲，如果能夠堅持做這個遊戲，相信等到寶寶進入學步期時，也能很快理解「不能碰」的涵義。另外，除了「不能碰」，還有「輕輕的碰」，也需要爸爸媽媽在遊戲過程中不斷提醒，透過示範讓寶寶理解。

溫馨提示：爸爸媽媽在向寶寶下指令時，語言應盡量溫和，這樣才能達到預期的目的，比如「輕輕地翻，這本書多漂亮啊！」要比「小心點，別把書撕破了！」愈溫和也愈有效，同樣的，「這朵花的花瓣多嫩啊！你用手指輕輕地碰碰它吧！」比「別把花捏碎了！」更好。

(2)提供豐富的安全而有趣的探究材料

既然寶寶對探究周圍的東西那麼樂此不疲，與其到處設防，不如提供足夠的物品給他們，好讓他的小手停不下來。當然這裡所說的並不只是玩具，而是將寶寶感興趣的東西用比較安全的方式提供給他。以下提供一些例子，爸爸媽媽們可以舉一反三：

收音機

收音機上的按鈕似乎是通往另一個世界的鑰匙，只要輕輕一轉就能發生很大的變化，不同的按鈕所產生的做用也不同，發現這些變化正是寶寶不停探索的目標。用電池的收音機很安全，這些舊老古董留著也沒有用，還不如給寶寶當玩具。

手電筒

手電筒和收音機很像，也是安全又好玩的玩具。寶寶們最喜歡把玩上面的開關，並且對它發出的光線照在物體上的影像感興趣。為了鼓勵寶寶進一步發現光亮的祕密，可以將房間的光線逐漸調暗，在黑暗中，寶寶對光線的感覺更加清晰。

廣告信件

爸爸媽媽會把這些信件當成垃圾，但對寶寶來說，這些東西都是寶貝。因為這些廣告單大多數有信封，而寶寶恰好非常喜歡拆開信封。信封裡面的廣告單上充滿了圖片，有時候還夾著賀卡，很適合這個年齡階段的寶寶拿著玩。

小玩意兒

很多家裡準備丟棄的小玩意兒，比如鑰匙環、衣服夾子、碎布頭、皮包等等，注意不要選擇過小的東西，以免寶寶誤食。

照片

大多數寶寶對照片很感興趣，喜歡拿著照片仔細鑽研。爸爸媽媽可以將照片護具處理後給寶寶玩，陪著他們在照片上找爸爸媽媽和寶寶自己，同時熟悉家庭中的其他成員。

總之，對於好奇心很強的寶寶，爸爸媽媽應該感到高興，然後創造一切機會讓他們發揮自己的聰明才智，並盡量陪伴他們共同探索。

對第三種比較膽小的寶寶來說，當務之急是擺脫恐懼感。

情境再現

地點：動物園。

爸爸：「寶寶看，前面是大老虎，我們去和牠打個招呼吧！」

寶寶：「不去，怕、怕，回家。」

不管爸爸媽媽怎麼勸她，寶寶就是不肯過去。

對於膽子比較小的寶寶，其恐懼的原因來自兩個方面：一方面，寶寶對於危險的認知不同於成年人，所以爸爸媽媽應該引導寶寶瞭解危險和安全的真正區別；另一方面，寶寶因為陌生而產生恐懼感，爸爸媽媽就要透過幫助他們瞭解類似的事物消除這種恐懼感。

針對上面兩種情況，基本上有以下幾種方法：

1、轉移注意法

在引起寶寶恐懼的環境中，爸爸媽媽可以表現得很高興或者與寶寶不停說話，來減輕寶寶對這種環境的恐懼感。比如在放煙火時，爸爸媽媽不停鼓掌並發出笑聲，寶寶就能被爸爸媽媽的情緒感染，而高興起來。再如，當寶寶對游泳非常恐懼時，爸爸媽媽和寶寶一起拍打水花，就能降低寶寶對水的恐懼感。

2、語言標識法

爸爸媽媽向寶寶提供恰當的標識，幫助寶寶將自己感到害怕的情形表達出來。例如：爸爸媽媽可以教正在水中游泳的寶寶說「涼」，在晚上教寶寶「黑」，當寶寶光腳走在地上時教他「刺」，詞語不用很複雜，表意清楚即可，另外爸爸媽媽的口吻要充滿自信，慢慢地寶寶就能模仿爸爸媽媽說的話來表達出當時的情況，讓爸爸媽媽瞭解寶寶的想法，進而提供更適合的方法幫助寶寶擺脫恐懼。

3、脫敏法

這是學前教育和特殊教育領域經常使用的方法。即透過讓寶寶面對與所恐懼的情形相類似但並不會導致危險，逐漸加深程度，不斷擴大其範圍，最後達到擺脫原有恐懼的目的。針對上面提到的害怕老虎的寶寶，可以先讓她看一些老虎的靜態圖片，然後看電視中動態的老虎，在來到動物園中，逐漸接觸老虎，最後就能幫助寶寶消除恐懼心理了。

4、撫慰法

這種方法是指由爸爸媽媽緊抱著寶寶進入或者接近恐懼的事物，始終給寶寶安全感，也可以在安全的地方進行觀察。

另外，為了提高這些寶寶對探索的興趣，可以透過以下一些內容做為輔助方法：

1、與水結合

寶寶一般都喜歡玩水，如果寶寶害怕某樣東西，可以將其與水結合起來。如果寶寶怕植物，可以帶著寶寶一同給植物澆水；如果寶寶害怕小動物，可以帶領寶寶給小動物洗澡；如果寶寶害怕獨處，那就在讓寶寶玩水時，爸爸媽媽躲在隱蔽的地方觀察寶寶，以免出現危險。

2、讓寵物做保鏢

如果寶寶和家裡的寵物關係非常好，就讓寵物來代替父母成為寶寶的小保鏢。這樣的話，如果寶寶害怕某種環境，可以讓家裡的寵物陪伴在寶寶身邊，給寶寶安全感；如果寶寶害怕動物，那麼也可以從寵物開始慢慢瞭解其他動物，減少其恐懼感。同樣的道理，可以將寵物換成「抱抱熊」，讓寶寶感覺身邊有一個可以依賴的物件，那麼寶寶就不會害怕了。

3、掌握探索的技巧

有些寶寶不敢直接接觸陌生的東西，可以給寶寶提供一些工具，比如油漆刷、小棍子等，當寶寶用這些工具觸摸探索物件發現沒有危險後，就能夠大膽地用手接觸了。

關於浪費的問題

這時候的寶寶對「只拿一張紙」、「只用一點點」這一類的辭彙無法理解。如果這時候爸爸媽媽大發雷霆：「不要拿那麼多的紙出來，只拿一張！」如此，寶寶要嘛不敢再拿紙，要嘛偷偷地拿更多的紙，兩種結果應該都不是爸爸媽媽希望看到的。

為了解決浪費的問題，爸爸媽媽可以為寶寶提供定量的用品。比如一次只給三張餐巾紙（可以將成人用的一張餐巾紙分成兩張給寶寶），夠用即可。再比如畫畫時一次只給三張白紙，而不是一本本子。如果這種方法不能阻止浪費，就要用一些懲罰手段來制止寶寶的浪費行為。

二、我是寶寶我怕誰！

寶寶：「最近心情不太好，爸爸媽媽總讓我生氣，不是奶嘴不見了就是衣服髒了，甚至連玩具都欺負我，不好好和我玩。他們都很討厭，我要給他們點顏色看看，哼，反正我是寶寶，我怕誰！」

爸爸媽媽：「以前那個可愛的寶寶哪裡去了，怎麼突然學會發脾氣了呢？」

專家解析：

進入學步期的寶寶逐漸有了自我意識，慢慢感覺到自己是一個獨立的個體，有能力做出決定，而且可以使事情發生變化，也能對其他人產生影響，於是他有了正常的喜、怒、

哀樂。只因為憤怒的表現不同於開心，比較激烈，所以讓爸爸媽媽們吃了一驚。

這裡首先介紹一下寶寶的憤怒情緒，當寶寶知道自己說「不」能夠對爸爸媽媽產生影響之後，就不自覺的重複說「不」，即便他們的真實想法並不是這樣的，他們也會堅持說「不」。所以，剛滿1歲的寶寶在說「不」時，爸爸媽媽很難判斷其真實性，即使給予回應，寶寶也堅持我行我素。其實，這時的寶寶還無法真正理解憤怒的含意，只是當做一個遊戲不斷重複。此時，爸爸媽媽對待寶寶憤怒情緒的最好辦法就是「置之不理」，寶寶的怒氣轉瞬即逝，以不變應萬變即可。

除了憤怒的情緒之外，寶寶這時也有了積極的情緒，比如驕傲、高興等。爸爸媽媽可以透過鼓勵的方式，引導寶寶產生更多的積極情緒，進而有利於寶寶的健康成長。比如當寶寶學會某個遊戲時，可以拍手鼓勵說：「你真棒。」

其次，要介紹的是另一個明顯的情緒反應是「分離焦慮」，即由於與爸爸媽媽或其他親近的人分離而產生的焦慮情緒，這種情緒可能影響寶寶的各方面行為，爸爸媽媽們應要重視。

在家庭中，主要有兩種分離情況，一種是寶寶獨自玩耍，這時的寶寶因為有玩具相伴，注意力集中在遊戲上，所以比較容易地實現分離，爸爸媽媽只要尋找到一個合適的分離時間和距離就行了。另一種分離發生在睡前。如果寶寶有單獨的房間，分離時就要花費點時間。為了解決分離焦慮問題，一開始，爸爸媽媽可以用溫柔的語調給寶寶講睡前故事，待寶寶入睡後再離開，然後逐漸將故事的時間縮短，讓寶寶學會控制焦慮情緒，最後即使不用講故事也能順利分離了。其實，分離成功的關鍵是爸爸媽媽的態度，一味的縱容只會讓問題更加嚴重。只要爸爸媽媽分離的態度堅決，不過分緊張，並且方法得當，寶寶就能逐漸適應分離。

如果這時寶寶需要進入托兒所，那麼也同樣會發生分離焦慮，不過同樣地，只要爸爸媽媽分離的態度堅決，寶寶就能逐漸適應分離。另外，爸爸媽媽需要和老師保持溝通以確保寶寶安全。

溫馨提示：

爸爸媽媽可以讓寶寶擁有一些慰藉物品，比如抱抱熊、布娃娃等，也可以將自己的一些小東西留給寶寶，比如手帕等，這樣就能降低寶寶分離時的焦慮感。

第二節 1～2歲寶寶玩伴篇

如果1歲以前寶寶的玩伴主要是保姆的話，1歲以後寶寶的玩伴就真的是「陪玩」了，而且除了同年齡的小朋友，其他人想要做好「陪玩」是很不容易的。

一、新的大朋友

××叔叔：「寶寶，你好漂亮啊，我能摸摸你的臉嗎？」

寶寶：「哼，不要，虛情假意的叔叔。」

片刻後——

×阿姨：「寶寶，你看我手裡的是什麼？」隨即遞上一個小皮球。

寶寶（笑著接過來）：「還是阿姨好！」

大人之間的寒暄方式在寶寶身上根本不起做用，最好的方法是給寶寶一個讓他感興趣的禮物，並且陪他一起玩。

為了讓寶寶和客人之間打成一片，爸爸媽媽要用點技巧。

1、提前做好遊戲準備

當得知有寶寶不熟悉的成年人來到家中時，爸爸媽媽可以先和寶寶玩滾球或吹泡泡等簡單又有趣的遊戲，當客人來到後，就可以立刻建議客人與寶寶一起玩。這樣，寶寶就能很快放鬆下來，不會因為陌生人的到來而哭鬧。

2、做好翻譯

爸爸媽媽要做好寶寶的翻譯，幫助寶寶表達自己的想法。例如，當寶寶拿出自己的東西與客人分享的時候，你可以告訴客人：「寶寶很喜歡你喔，他想邀請你和他一起玩玩具。」如果可以的話，就邀請客人加入寶寶的遊戲中。

3、不要因為寶寶拿了客人的東西而斥責寶寶，而應該利用寶寶的好奇心培養起他的基本禮儀

爸爸媽媽可以提醒寶寶動別人的東西應該獲得對方的許可，並隨後幫寶寶詢問：「寶寶想戴你的帽子，可以嗎？」、「寶寶好像很喜歡你的皮包，能讓他看看嗎？」

除了家裡，寶寶還可能在室外和爸爸媽媽工做的地方遇到很多大人，這是豐富寶寶生活經驗的好方法，不必一味保護寶寶。只要不威脅到寶寶的基本安全，可以儘管放心地讓他自己和大人玩耍。

二、小小朋友

當寶寶有了新的小朋友，爸爸媽媽恐怕要解決下面的這些問題了：

1、當寶寶的朋友都是比他大幾歲的孩子時

一般來說，寶寶願意和比自己大幾歲的孩子一起玩。跟他們在一起，寶寶感覺非常新鮮刺激。客觀來講，能夠有更多機會和比較大孩子交流玩耍，並模仿他們更成熟的動作和語言，確實能從中受益。

情境再現

公園的一角，幾個4、5歲的孩子正在玩遊戲，寶寶一個人站在旁邊看。

寶寶：「寶寶玩，媽媽，寶寶玩。」

媽媽：「好，你去吧！媽媽在這裡看著你。」

寶寶：「媽媽也去，寶寶怕。」

很多時候，寶寶無法自己參與到大孩子們的遊戲中，為了保證寶寶能夠參與進去，並獲得更多的益處，爸爸媽媽最好在一旁監督指導。例如，當爸爸媽媽發現孩子們只是追逐打鬧時，可以在他們途經的地方設置一些障礙，一把椅子或一個鈴鐺，豐富他們的活動內容，同時也能延長遊戲時間。

2、當寶寶和同年齡的孩子一起玩耍時

按照傳統的觀點，認為這樣的組合更安全，爸爸媽媽應該做的是為他們做些獨特的設計，豐富他們的活動內容。

有研究發現，當玩具的尺寸比較大時，1歲的幼兒就能在與別人交流和玩玩具時做的更好一些，因為他們會互相模仿對方的動作，相互借鏡、學習，進而提高自己的動作能力。因此爸爸媽媽可以為他們提供比較大的遊戲場所，也可以提供能讓幾個孩子同時操做的大型玩具，如溜滑梯、底座有彈簧的大卡車，或可以讓幾個寶寶同時乘坐的玩具汽車等。

3、當幾寶寶沒有玩具時

這時寶寶會追逐打鬧，相互模仿，爸爸媽媽為了控制局面，可以讓他們一起唱歌、做手指操等，當然這需要爸爸媽媽長期累積一些兒歌、手指操。

4、當寶寶沒有朋友或者只有少數幾個朋友時

爸爸媽媽要充當接洽的人，幫助寶寶認識新朋友。也可以做為遊戲的帶頭人，組織幾個寶寶一起玩遊戲，讓自己的寶寶認識新朋友。

這裡提供幾個不錯的遊戲：

（1）小主人遊戲

邀請小朋友到家裡做客時，讓自己的寶寶做小主人，幫忙準備食物，接待客人，拿玩具

出來和小朋友一起玩。

(2)投籃遊戲

陪寶寶玩這個遊戲時，在報紙上畫上一個笑臉，然後把報紙包在紙簍上，給每個小朋友一些紙，捏成紙團投向紙簍中，模仿投籃的動作。

(3)小廚師遊戲

爸爸媽媽用麵粉、水和成麵團，給每個孩子一個麵糰、一個橄麵棍和一個托盤，讓他們隨意發揮想像力，給自己做晚餐。

在這個過程中，寶寶們共同完成一個遊戲，增進對彼此的瞭解，就能自然而然的成為朋友了。

5、當寶寶之間發生衝突時

1歲以後的寶寶隨著活動範圍和朋友數量的增加，發生衝突的次數也隨之增加，並且1～2歲的寶寶已經具有了故意傷害夥伴的能力，爸爸媽媽必須出面干涉他的行為：

(1)提醒實施侵害行為的寶寶，被別人打或者咬是很疼的。

(2)讓實施侵害行為的寶寶觀察侵害的後果，讓他們明白自己的行為是不對的。

(3)鼓勵發生衝突的寶寶們和解，並且學習相互安撫對方。

爸爸和媽媽配合表演衝突後如何和解，教會寶寶如何使用語言安撫受傷的人。比如爸爸不小心傷到了媽媽的眼睛，媽媽就說：「輕輕吹一下我的眼睛，就不會疼了。」當寶寶受傷的時候，媽媽也可以這樣說，寶寶逐漸就能透過模仿學會了。

三、我的新夥伴——寵物

寶寶養寵物，利大於弊，首先養寵物有很多好處：

(1)培養觀察和學習能力，促進智力發育。

寵物的行為能夠吸引寶寶的興趣，寶寶喜歡觀察牠們的一舉一動，聽牠們發出的聲音，有的時候還會進行接觸。這些都能夠培養寶寶的觀察和學習能力，同時給予寶寶更加豐富的感知覺刺激，促進寶寶智力發育。

(2)接近大自然，培養對生命的尊重意識。

寵物做為一種有生命的動物，可以做為幫助寶寶認識大自然的一個載體。寶寶透過觀察寵物的生長過程，體驗生命的意義，從小具有對生命的敬畏感和尊重。

(3)培養愛心和責任感，增強待人接物的能力。

餵養寵物、替寵物洗澡等活動，都是寶寶很喜歡參與的遊戲，在遊戲過程中寶寶能夠逐漸學會理解和尊重其他個體的感受，進而形成責任感和愛心，同時增強待人接物的能力。

(4)減少孤獨感和寂寞感。

情境再現

寶寶一人蹲在地上，摸著小兔子的頭。

寶寶：「兔兔不怕，寶寶在，寶寶不怕。」

現在寶寶們的生活環境都比較單一，尤其是當爸爸媽媽不在身邊的時候，寵物能夠給他們帶來很多快樂，增加積極的情緒，進而減少孤獨感和寂寞感。

(5)增強身體素質。

特別是像貓、狗、兔子之類的寵物，能夠陪伴幼兒做很多體能活動，比如奔跑、跳躍、騎車等，增強這些活動的樂趣，延長寶寶的活動時間，增強寶寶的身體素質。研究顯示，養寵物能夠提高寶寶的身體抵抗力，減少生病的機率。爸爸媽媽也不用擔心寶寶會對寵物過敏，瑞典和美國科學家合做的一項針對寵物過敏症的研究發現，養貓不一定會增加7至11歲兒童患病的風險。因為長期和貓、狗在一起的兒童，反而比剛剛開始飼養寵物的兒童更不易患上過敏症。在對貓過敏的兒童中，80%從來沒有在家裡養過貓。

當然，寶寶養寵物要考慮到安全衛生的問題，盡量減少寵物帶來的疾病威脅，這就要求爸爸媽媽們：

①瞭解飼養寵物可能帶來的疾病，即時做好預防治療工做。

養寵物給寶寶帶來的疾病有：狂犬病、過敏性鼻炎、蠕蟲病、貓爪熱等，這些疾病多是由寵物所攜帶的病菌、寄生蟲和寵物抓傷所致，所以在養寵物時一定要注意衛生，讓寶寶養成洗手的習慣，與寵物保持一定的距離，不可過分親密。爸爸媽媽要保持家中和寵物的衛生，時常清潔打掃、為寵物洗澡，為寵物準備

專用的食盆、水盆、床，寵物用品不可和寶寶的用品相混，給寵物定期到醫院、防疫站驅蟲。當發現寶寶身體不適時，應立即就醫。

②根據寶寶的年齡，提供不同的寵物。

金魚類水中動物比較適合1歲前的寶寶，比較衛生安全，而且其鮮豔的色澤和豐富的動作變化，也能吸引寶寶的喜愛。鳥類、鼠科等身體較小而且在籠中飼養的寵物可以提供給1～2歲的寶寶，比較安全而且沒有什麼攻擊性，鳥類的叫聲還可以給予寶寶新鮮的聽覺刺激。而2歲以後的寶寶，就可以接觸兔子之類沒有攻擊性但體型較大的動物了。

第三節 1～2歲寶寶玩具、遊戲篇

寶寶會走了，世界就亂了。

他喜歡把所有的東西一股腦兒全翻出來，看看裡面到底有什麼。喜歡不停地擺弄自己的身體，坐下、站起、蹲下、彎腰、從障礙物下鑽過、拉拉這個扯扯那個，這些在爸爸媽媽眼中無聊至極的動作都是寶寶喜歡的遊戲。

他還喜歡說話，小嘴巴一刻也停不下來，嘰嘰喳喳，活像一個小麻雀。如果爸爸媽媽引導得當，他還能將自己翻個天翻地覆的家重新整理好，有時候也能幫助媽媽做點家事……

一、愛上看書

情境再現

客廳裡，媽媽為爸爸開門。

媽媽：「你終於回來了，你兒子太調皮了。他出來了，你自己問他吧！」

這時，1歲半的童童從自己的房間跑出來，撲進爸爸懷中。

童童：「爸爸開車，爸爸開車。」

爸爸（親了一下童童的額頭，然後把他放下來）：「喔，爸爸剛剛下班，不出去了，咱們在家玩吧！今天你好像很不乖啊！怎麼回事？」

媽媽（仍然有點生氣）：「他呀，把新買的盆栽葉子都拔光了，毛巾塞進了馬桶裡，電話簿也被他撕爛了。」

爸爸：「看來，爸爸要和童童好好談一談了。你為什麼惹媽媽生氣呢？」（爸爸走進客廳，在大沙發前坐下來。）

童童（衝進房間拿了本書走向爸爸）：「爸爸，講。」

爸爸：「怎麼這麼乖？是不是想將功補過啊？好吧，我來給你講一個不讓媽媽生氣的好孩子的故事。」

媽媽（立刻笑容滿面）：「好好聽故事，我去做飯了。」

專家解析：不管寶寶怎麼調皮，只要他對圖書表現出濃厚的興趣，爸爸媽媽所有的怒氣都煙消雲散了。

1歲的寶寶開始對圖書感興趣這件事，讓很多父母都感到高興，特別是當寶寶聽故事時，所有調皮的行為都不見了，他們會很安靜、很聽話，睜大眼睛看著圖書，爸爸媽媽可以抓住這個機會和寶寶建立良好的親子關係，並且將很多道理透過故事傳達給寶寶，讓寶寶掌握更多知識。

不過，不同的寶寶對圖書的態度並不相同。有的寶寶對圖書毫無興趣，有的雖然有興趣，但呈現階段性變化的特徵，比如前幾個星期寶寶還富有興趣的天天纏著爸爸媽媽，要他們講故事，但這幾個星期看書不到三頁就沒有興趣了，把書啪的一聲扔到房間的角落裡。很顯然，每個寶寶都要經歷一個「厭書」的階段，這時父母如果採用強迫的手段只會適得其反，讓寶寶產生叛逆心理，更加討厭看書。但是，父母並不是無能為力，只要運用恰當的手段，就能夠延長寶寶「愛書」的時間了。

首先，要選擇適合的圖書。

能夠獲得寶寶喜愛，使寶寶有所收穫的圖書應該具有下面這些特徵：

①插圖的色彩鮮豔、印製清晰，對寶寶有吸引力，並且能夠表達故事的意思。

②合適的圖文比例：一般來說，年齡越小的寶寶越適合閱讀圖畫比例較大的圖書，隨著年齡的增長，文字的比例可相對增加。

溫馨提示：提供給寶寶用做自主閱讀的書，不適合文字比例過高。

③插圖有捉迷藏的特點，即熟悉的圖案在不同的頁碼重複出現。

④插圖具有生動的音樂效果，比如牛的圖案能夠發出「哞」的聲音，羊的圖案能夠發出「咩」的聲音，有助於提高幼兒的參與度，同時提供更豐富的感知覺刺激，促進幼兒各方面能力的協調發展。

⑤故事內容貼近寶寶日常生活，可以包含寶寶一日生活起居和接觸到的事物等，比如動物、食物、汽車。

⑥故事內容健康、積極向上。寶寶們年紀尚小，分辨是非能力差，又喜歡模仿。所以要選擇內容積極向上，能夠成為寶寶模仿物件的故事。

⑦圖書本身就是玩具。現在有很多幼兒圖書具有玩具的特點，比如可供寶寶觸摸的百科全書，帶有拉鏈和鈕子等讓孩子學穿衣服的書、擦一擦有氣味散發出來的書、按一按有聲音的書等，都能夠成為寶寶不錯的玩具書，看書的同時學習知識，兩全其美。

溫馨提示：立體書雖然能夠引起寶寶的喜愛，但因為容易損壞，並不是個很好的選擇。

⑧紙板書，翻閱容易，不宜損壞，適合親子共讀或寶寶獨自看。

其次，要掌握給寶寶唸書的方法。

①唸書時，精力集中，排除其他干擾。如果爸爸媽媽給寶寶唸書的時候，一會兒去接電話，一會兒去關爐火，一會兒又去處理其他家事，那麼就會影響與寶寶一起讀書的親密氣氛。所以忙碌的爸爸媽媽這時無論如何請忘記家務工做、關掉手機，與寶寶好好享受愜意的「三人世界」。

②不用咬文嚼字。1～2歲的寶寶還處於聽故事的初級階段，他們不在乎圖片下面的文字到底是什麼，只要明白故事大意就行了。所以爸爸媽媽可以不用一字一句照讀書上的文字，換一種寶寶更熟悉的方式讓寶寶瞭解大意即可。

③玩捉迷藏的遊戲。有的時候，寶寶甚至連故事是什麼意思也不在乎，他們只是將故事書當成一個玩具，不停的一頁頁翻開，再合上，重複這個動作就像捉迷藏一樣。這個時候，爸爸媽媽可以提前在書上做上標記，然後問寶寶：「小白兔在哪？」讓寶寶翻開書去找到相對的頁碼，或者問：「大灰狼在哪？」也讓寶寶去找。慢慢地，寶寶就能說出

每本書上有什麼角色，在哪一頁了。

④慢半拍。在給寶寶唸書的時候，可以在講解每幅圖時慢半拍，讓寶寶有時間說出下面的內容，比如「看那隻大狗，牠跑過去要……」等待寶寶說出「吃骨頭」。也可以直接發問「小貓去哪了？」「在桌子底下。」當你停頓一會兒之後，如果寶寶沒有反應，你可以自己將下面的內容說完，等到寶寶對圖書熟悉之後，他就能說出你想要的答案了。

⑤使用小幽默。和寶寶在一起，爸爸媽媽也可以偶爾當自己也是小寶寶，「騙」寶寶學習知識。比如當發現圖書上兩個相似的動物時，故意將其中一個說錯，指著牛說：「這是小老鼠『吱吱』。」寶寶就會笑著把老鼠的圖案找出來說：「這是『吱吱』。」爸爸裝做恍然大悟：「寶寶真聰明，這是『吱

吱』，看，牠正在吃乳酪呢！」

⑥不斷增加難度。隨著寶寶月齡的增長，1歲多的寶寶的理解能力和語言表達能力也越來越強，而且寶寶對書中的角色和物品已經非常熟悉，爸爸媽媽可以改變對同本書的閱讀方式了，將其中的故事講給寶寶聽，同時結合寶寶的生活，比如小狗睡覺的故事可以這樣來講：「你看，小狗正在院子裡睡覺。噓，輕一點，不要吵醒了牠。有一個小男孩來了，穿著一雙紅色的鞋子，你是不是也有一雙紅色的鞋子啊！他跑步的聲音好大，咚咚咚，小狗被吵醒了，很不高興，所以在別人休息的時候是不是應該保持安靜呢？……咦，小狗怎麼不見了，牠是不是到別的地方睡覺了呢？看，牠跑到頭頂上了。」

爸爸媽媽還可以和寶寶一起隨意翻開圖書，根據圖書一起編故事，誘導寶寶說出圖片中的故事情節，鍛鍊寶寶的語言表達能力。

一旦寶寶愛上圖書，並且在爸爸媽媽的幫助下對其保持持久的興趣，就能不斷地從中學習各種知識，甚至可以持續到上學之後。喜歡看書的習慣也能幫助寶寶迅速適應學校生活，所以在學步期就為寶寶打下基礎是很重要的。

爸爸媽媽提問時間

遙遙的媽媽：「我家遙遙非常聰明，她只看一眼書的封面，就知道這本書裡有哪些人物和物品。我將書中經常出現的文字寫在卡片上，每天教她幾遍，希望能夠幫助她提高閱讀能力，可是遙遙總是記不住。這是為什麼呢？」

專家解答：

這是因為，一方面，這個年齡階段的寶寶對圖片的記憶能力遠遠強於對文字的記憶能力，能夠根據圖片記住每本書中的人物和物品。

另一方面，遙遙媽媽所採用的方法對於提高閱讀能力沒有什麼幫助，不建議繼續使用這種方法。真正的閱讀是對由字組成的句子和段落，進行綜合的理解。對一歲的寶寶來說，提高其閱讀能力的最好辦法是發展其聽和說的技能，這些技能能幫助寶寶更好地理解語言所傳達的涵義，同時獲得更高層次的新資訊，進而幫助寶寶更好地發展。

爸爸媽媽應該明白，寶寶能夠說出「兔子」這個詞並不是什麼特別的成就，重要的是寶寶能夠說出關於兔子的所有相關資訊，而圖書正是讓寶寶掌握這些資訊的最佳來源。爸爸媽媽應該引導寶寶透過圖書，將自己熟悉的辭彙和短句綜合歸納和延伸，就像寶寶有一個小盒子，裡面裝滿了從不同的書中獲得的詞語和短句，之後當寶寶再讀每本書時，都可以將它們拿出來與新辭彙比對、組合，不斷復習舊知識，學習新知識，而爸爸媽媽所要做的就是提醒寶寶將盒子裡的拿出來，這樣就能讓寶寶的知識寶盒不斷豐富起來。

在生活中，也可以幫助寶寶不斷重複學過的辭彙，比如當寶寶學了「電視」，之後，媽媽就可以指著電視問寶寶：「這是什麼啊？」等到寶寶回答「電視」後，就把遙控器遞給寶寶，做為獎勵，讓他開電視（寶寶很喜歡帶按鈕的物體，所以讓他使用遙控器開電視就能做為一種獎勵）。要關電視的時候，再問寶寶：「我們現在要幹什麼呢？」讓寶寶回答：「關電視。」

圖書是一扇窗，寶寶好奇的小手早已迫不及待的想把它打開，而爸爸媽媽要陪伴寶寶打開這扇神奇的窗，看看外面更精彩的世界。由此可見，寓教於樂並不是一句空話，也並不難做到。

溫馨提示：

媽媽可以用照片自製圖書，將家人的照片、出去遊玩時的照片、寶寶自己的照片、動物的照片、物品的照片等經過護貝處理，製做成自己的圖片書，照片的圖案更清晰自然，而且是寶寶熟悉的事物，更能夠幫助寶寶鍛鍊語言表達能力。

二、新玩具和新玩法

電話機旁，路德媽媽和奶奶正在通電話。

奶奶：「我明天下午到，妳覺得該買什麼給路德好呢？他已經有不少玩具了，買件上衣怎麼樣？」

媽媽：「您什麼都不用買，我們什麼都不缺。」

奶奶：「不用跟我客氣，我是給我孫子買。反正都要買的，妳最好還是告訴我買些什麼好，省得花了錢又浪費。」

媽媽：「好吧，說實話，他的衣服很多了，不過缺少幾件玩具，您可以買皮球、玩具卡車，對了，您聰明的孫子已經會玩簡單的拼圖了，如果您能和他一起玩，他肯定會很高興的。」

奶奶：「是嗎？那太好了，就買拼圖吧！」

專家解析：

為1～2歲的寶寶買玩具，不用像對待1歲前的寶寶那樣精細，不必按照月齡選擇適

合每個階段的玩具，只要能夠拓展寶寶各方面能力的玩具都可以買。這裡介紹幾種比較常見的玩具及其玩法，爸爸媽媽們可以舉一反三，為不同的玩具開發出適合本年齡寶寶玩耍的方法，同時提醒爸爸媽媽們，要幫助寶寶自己進行創新和發現。

1、球類玩具

玩具做用：能增強寶寶的身體素質，主要培養身體大動作的協調能力及與人合做的能力。

玩具準備：選擇合適的球。根據場地，如果是在室外，無需做太多考慮，足球、網球、棒球甚至排球、籃球都是不錯的選擇，彈性好，適合各種玩法。如果是在室內，為了不破壞室內擺設，最好在固定的房間內玩紙球、乒

乒乓球、塑膠泡沫球等這些體積比較小、重量輕，且不易造成破壞的球類。

另外，根據寶寶的喜好，也可以做出不同的選擇，比如寶寶突然喜歡上接球，可以選擇氣球。因為氣球重量輕，寶寶能夠追得上，而且也能抱在懷中。如果氣球中是氫氣，把氣球用一個繩子拴住。

玩具玩法：

拍球：這可能比較困難，但是基本的彈起動作能讓寶寶感覺很新鮮，將拍球和下面的球結合起來，也是不錯的遊戲。

撿球：是學步期寶寶非常喜歡的玩法。他不在乎跑來跑去會不會累，只要看到地上滾動著的球就喜歡上前抓住。爸爸媽媽可以選擇一個斜坡，室內、室外都可以，把球從高處滾下，讓寶寶撿回來。

托盤滾球：是指在一個托盤中放上一個或幾個乒乓球，讓寶寶伸手抓，媽媽可以透過控制托盤讓球在托盤裡轉來轉去，給寶寶提高難度。

滾球：爸爸媽媽和寶寶一起玩，從一個人那裡滾向另一個人，滾向寶寶的時候適當控制力度即可。玩滾球的最佳場所是走道或走廊一類的地方，在那裡不用擔心球會滾出界的問題。

拋接球：其實拋球和接球是兩個難度等級不同的玩法，接球的難度遠遠高過拋球，所以應先讓寶寶練習拋球。爸爸媽媽站在離寶寶1至1.5公尺的位置，接住寶寶拋過來的球後，遞給寶寶，讓寶寶再接，如果覺得這樣速度太慢，可以把球滾向寶寶，然後繼續接球。等到寶寶能夠接球的時候，可以讓寶寶先從小球開始，再慢慢過渡到大球。

2、積木和拼插玩具

玩具做用：鍛鍊寶寶精細動作即手部肌肉的能力，開發智力。

玩具玩法：

(1)搭建高塔

學步期的寶寶，很喜歡將爸爸媽媽好不容易搭好的建築物一下子推倒，並以此為樂。

爸爸媽媽不必急著生氣，可以試著在塔頂上放一個玩具小人或小動物，鼓勵寶寶完成同樣的動作，在無法完成這個動作之前，寶寶會讓高塔在那多保留一會兒。

(2) 套疊

除了成套的玩具之外，家中的紙筒、罐頭盒、食品包裝盒都能做為寶寶的「建築材料」。透過比對和嘗試，寶寶會慢慢發現上面各種材料的一些特性，比如罐頭盒比較重，穩定性好，適合放在下面，而紙筒和紙質的包裝盒更適合放在高層。

另外，寶寶也很喜歡將不同大小的玩具套在一起，如果爸爸媽媽能夠在旁邊不斷使用「大」和「小」這兩個辭彙，寶寶就能逐漸掌握其涵義，並和不同的物體對應起來。

(3) 平面建築

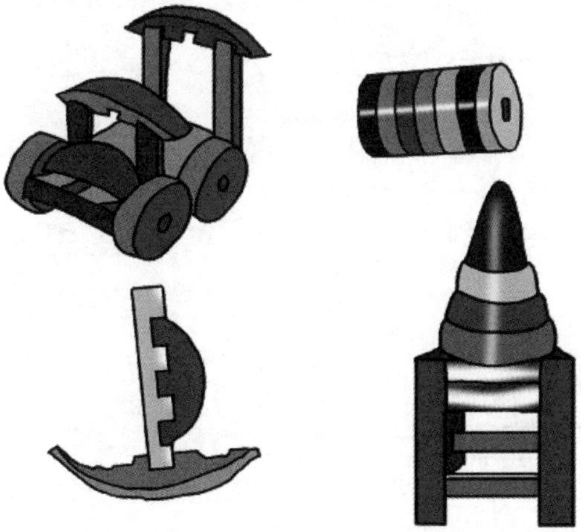

組合玩具不僅可以用來建造高層建築物，也能用來製造各種不同的圖形，比如長方形、正方形、五角形等等，寶寶會為了製造出一個新的圖形欣喜若狂，然後不斷嘗試重新組合，在這個過程中，寶寶就能慢慢領悟一些數學的知識。

（4）排成排

寶寶喜歡將各種玩具，比如汽車、玩偶、球類等排成一排，然後觀察自己的傑做。爸爸媽媽可以引導寶寶玩「填補空缺」的遊戲，即從排成一排的玩具中拿出一個，然後讓寶寶將這個空缺補上，如果寶寶沒有放到對應位置，爸爸媽媽可以做出示範，然後不斷重複幾遍，直到寶寶能夠主動找到空缺並補上為止。爸爸媽媽還可以將排成一排的玩具換一種擺放的方法，換個方向或者換

個位置，讓寶寶跟隨自己的動作完成整個過程，慢慢地寶寶就能自己發現不同的擺放方法了。

3、玩具火車

很多寶寶在還不能下地走路的時候就擁有了玩具車，有可以遙控的，也有需要拖拉的。當寶寶進入學步期，這些玩具就有了新的玩法。

（1）裝卸車

在戶外，寶寶喜歡用小鐵鏟給小車裝卸貨物，裝上各種自己喜歡的東西，然後再倒出來，有時候還會自己表演運輸過程，從一個地方裝上貨物，然後到另外一個地方卸載。

（2）車隊

寶寶喜歡跟在爸爸的玩具車後面，模仿各種高難度動作，像一個車隊一樣。

（3）火車

把幾輛小車或者幾個紙盒連起來，就是一輛火車了，寶寶喜歡拉著他們到處走，好像自己是火車頭一樣。

4、玩具娃娃

不是所有的寶寶都喜歡玩具娃娃，這和性別沒有直接的關係。如果你的寶寶喜歡玩具娃娃，喜歡學著爸爸媽媽對待自己的方式對待玩具娃娃，給它們穿衣服、對它們說話、幫它們洗澡、和它們玩遊戲，可以將這看成角色扮演遊戲。有的時候寶寶也喜歡將玩具娃娃看做新朋友，然後和它們分享自己的玩具，一起玩遊戲。

5、敲敲打打的玩具

如果你不怕吵鬧，可以給寶寶幾個平底鍋和一個木勺，讓他按照自己的喜好創做音樂，這個遊戲是很多寶寶都很喜歡的。

如果寶寶喜歡玩具鋼琴，會比較安靜一點，雖然寶寶還沒有什麼音感，但也比鍋、碗、瓢、盆的聲音好聽多了。而且玩具鋼琴需要寶寶更多的運用手指，能起到鍛鍊手部肌肉的做用。

上面提到的這些玩具，有些是需要花錢購買的，有些則不需要。寶寶不會因為玩具不夠昂貴而不喜歡，也不會因為玩具太過精緻不捨得玩，在寶寶看來，玩具就是用來玩的，所以爸爸媽媽要明白這一點，從寶寶的角度出發，為寶寶盡可能搜集所有的玩具，豐富他的世界。

三、「扮家家酒」

情境再現

地點：客廳裡。

寶寶（抱著玩具娃娃）：「寶寶吃飯，媽媽餵你，要吃多多喔。」（寶寶把玩具娃娃

抱在懷裡，用湯匙向嘴裡餵飯）

過了一會兒，爸爸在陽臺發現寶寶正在用湯匙為小狗吃飯。

爸爸（很驚訝地對媽媽說）：「快看看，寶寶給小狗餵飯呢！」

專家解析：

學步期的寶寶已經能夠將很多物品與其用途聯繫起來，知道湯匙是用來吃飯的，襪子要穿在腳上，錘子可以用來敲敲打打，雖然無法用語言表達，但他的動作已經說明了一切。這些都是寶寶能夠玩「扮家家酒」遊戲的基礎。

扮家家酒的內容很豐富，每個部分都是一個小遊戲，爸爸媽媽可以參與進去，也可以讓寶寶自己玩，或者讓寶寶和小朋友一起玩。

1、吃飯遊戲

遊戲目的：鍛鍊寶寶的聽、說能力，手部的精細動作的能力，掌握吃飯時的基本生活常識。

遊戲準備：玩具用的餐桌和餐具。

遊戲演示場：

①寶寶樂樂用的小桌子上放著一套玩具餐具。

②樂樂對奶奶說：「奶奶，請坐，請吃晚餐。」樂樂遞給奶奶一個碗。

③奶奶：「樂樂給奶奶做什麼好吃的了？」

④樂樂：「米米。」

⑤奶奶：「是米飯，奶奶要吃寶寶做的米飯。寶寶怎麼不給小熊也吃一點呢？」

樂樂抱起小熊，用湯匙給它米飯。

專家解析：

在上面的遊戲演示中，奶奶仍然是遊戲的主導者，樂樂只是跟隨奶奶的指導開展遊戲，慢慢地，隨著寶寶語言能力的進一步提高，最終能真正主導遊戲。在這個過程中，爸爸媽媽要盡量參與進去，糾正寶寶的錯誤行為和語言，加速讓寶寶成為主導者。

2、電話遊戲

遊戲目的：鍛鍊寶寶的聽、說能力，手部的精細動作的能力，掌握電話的使用方法和基本禮儀。

遊戲準備：玩具電話一部。

遊戲演示場：

①爸爸媽媽說：「我們打電話給奶奶吧！她肯定很想你。」假裝說了幾句話之後，把電話給寶寶，「奶奶要和你說話。」

②寶寶可能只能說出「奶奶」，或者什麼都說不出。爸爸媽媽可以在旁邊提醒「說奶奶您好嗎？奶奶我很想您」，寶寶會模仿著說，最後爸爸媽媽要接過話筒，結束通話。如此反覆幾次後，寶寶就能夠掌握打電話時應該說的話了。

③爸爸媽媽可以不斷變化通話對象，豐富對話的內容，讓寶寶學習更多語言。如果有別的小朋友在，可以讓他們一起玩電話遊戲，爸爸媽媽在旁邊指導。

3、看病遊戲

去醫院看病是寶寶生活中非常重要的一部分，所以也是寶寶非常喜歡模仿的遊戲內容。

遊戲目的：鍛鍊聽、說能力，瞭解身體各個組成部分。

遊戲準備：玩具用的醫院用品，比如聽診器、白袍、體溫計等。

遊戲演示場：

①分配角色。媽媽充當病人，寶寶充當醫生。

②媽媽假裝生病，尋求寶寶的幫助，「醫生，

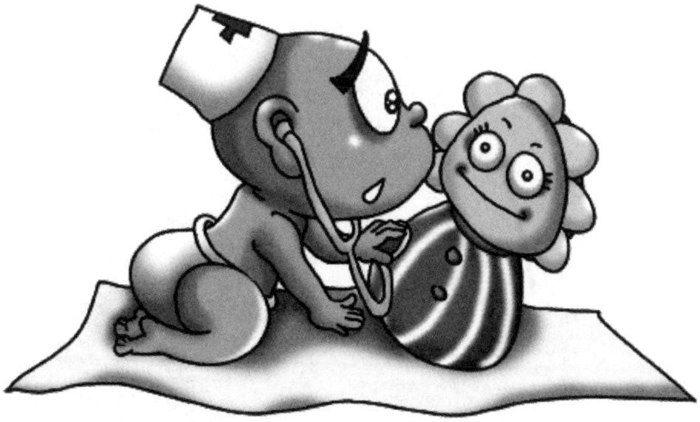

我身體不舒服。」

③寶寶回答：「哪裡不舒服？是這裡嗎？」

④媽媽：「不是，是肚子。我的大腿好像也有點疼。」媽媽一邊說出位置，一邊說出相對的名稱。

遊戲過程中，如果寶寶不知道做什麼、說什麼，媽媽可以給予幫助。

⑤媽媽要記得說「謝謝」，這有助於寶寶學習基本禮儀。

4、郵筒遊戲

遊戲目的：鍛鍊寶寶的聽、說能力，掌握關於郵筒的生活常識。

遊戲準備：用餐巾紙盒或者其他紙盒做成郵筒，並將一些廢棄的郵件放在裡面。

遊戲演示場：讓寶寶從郵筒中取出郵件，說明這些郵件分別是什麼，然後讓寶寶再放進去。

除了上面提到的這些遊戲外，上一節中提到的關於玩具娃娃的遊戲也是扮家家酒遊戲的一種，還有，讓寶寶扮演售貨員玩購物遊戲、模仿電視節目中的內容，都是不錯的遊戲素材。可以說，學會了「扮家家酒」，小寶寶就成了「小大人」了。

四、我是大力士

學會走路的寶寶開始和自己的身體較勁，不斷地接受挑戰，發掘自己的潛力，當獲得成功的時候，他會欣喜若狂；當受到挫折時，他仍然會堅持不懈，直到成功為止，似乎在說：「我要變得更強大！」

專家解析：

這個時候，寶寶試圖控制自己身體的每次嘗試都像是一次生命的遊戲，其中的樂趣不是其他玩具所能夠比擬的。

首先是攜物和搬運的遊戲。

寶寶在剛剛開始學習走路時，總是手腳並用，站起來後就會尋找家具和扶手等支撐身體，所以剛能夠走路的寶寶還是習慣在手中拿些小東西，以獲得安全感，這就是「攜物」的表現。當寶寶能夠熟練地走路後，就會希望拿更大更重的東西，慢慢從攜物變成搬運。這是寶寶身體協調能力逐漸增強的表現，所以當爸爸媽媽看到寶寶拿著一個大球或者拎著一袋玩具時，不要因為衛生的考慮而制止其行為，反而應該給予鼓勵：「寶寶真棒，能拿得動那麼大的皮球。」

然後是推推拉拉的遊戲。

當寶寶學會走路之後，他就發現物體是可以被推和拉的，看見什麼都要向前推推、向後拉拉。在這個過程中，寶寶能夠增強自己的臂力和身體協調能力。在推拉時，他要更小心的保持身體的平衡，協調身體各個部分的肌肉，同時還要觀察周圍的環境。

這就需要爸爸媽媽多加引導。可以購買一些專門的玩具，比如我國傳統的「滾鐵環」，還有現代的一推就會發出聲音的玩具，玩具車、購物車等也都是不錯的選擇，其中玩具車分兩種，一種是可供寶寶拖拉的小車，一種是可供寶寶乘坐或站在上面的大車。即便無法購買這些玩具，一支掃帚、拖把夠寶寶玩一陣子的了。如果寶寶對推動家具情有獨鍾，建議爸爸媽媽讓他玩沙發上的大圓墊，大圓墊的重量適中，比較柔軟，不易損壞其他家具，而且能夠滾動，如果家中沒有這樣的墊子，也可以用游泳圈代替，效果一樣好。

與此同時，寶寶大力士還學會了投擲、敲打和攀爬，別看他年紀小，力氣可不小呢！為了消耗他多餘的體力，就要設計一些投擲、敲打和攀爬的遊戲了。

投擲遊戲可以透過玩球類玩具實現，敲打的遊戲則需要爸爸媽媽提供一些用具，這些內容在上文中都提到過了。

關於攀爬的遊戲，在這裡介紹兩種遊戲活動：

小假山：為了滿足寶寶攀爬的願望，爸爸媽媽可以在房間的角落裡，用枕頭或被子為寶寶建一座假山，讓他在上面練習攀爬，這樣的環境比較安全有效。也可以讓寶寶從地上爬到床上或沙發上，如果床比較高，可以在地上墊上柔軟的墊子。

過橋：扶著寶寶從沙發背上或者欄杆上走過，是寶寶非常喜歡的遊戲，不過要和寶寶說明，不允許他一個人做這樣的遊戲。

五、我也可以幫忙做家事

學步期的寶寶對什麼都感興趣，當媽媽不在身邊的時候，他會主動尋找，發現媽媽在做家事，也會主動要求加入，雖然總是越幫越忙，但爸爸媽媽還是很高興看到寶寶這樣的行為。如果能給予正確的引導，家事也能變成有助於寶寶成長的遊戲。

家事遊戲1：收拾凌亂的房間。

遊戲目的：鍛鍊大肢體和手部的協調能力，分辨「大」和「小」，養成愛整潔的習慣。

情境再現

寶寶天天房中遊戲。

媽媽：「天天，你的房間好亂啊！來，我們一起來把玩具放回籃子中。」

天天：「好啊！」

媽媽：「天天真是好孩子。我們先收拾絨毛玩具，把它們放在這個比較大的籃子裡。」10分鐘後……

天天：「都收拾好了。」

媽媽：「天天真是個好幫手，能夠幫媽媽做事情了，謝謝你啊！」（與此同時，天天又拿起籃子，把所有的玩具都倒在地上。）

專家解析：

1～2歲的寶寶對倒空東西非常感興趣，他似乎覺得瞬間有特別大的變化十分有趣。這是令很多爸爸媽媽頭疼的大問題，家中的凌亂讓他們無法忍受，即使剛剛收拾完畢，沒過5分鐘，又是一團糟。為了解決這個問題，主要有三種方法：

1、改變環境

把可能引起寶寶注意的器皿放在寶寶拿不到的高處或者藏起來，盡量減少寶寶可能接觸到的所有容器，只在寶寶的遊戲房中放置少量的玩具。當然為了滿足寶寶的倒空的慾望，可以為寶寶專門提供一些不易損壞，而且容易整理的紙盒子，裡面可以放上寶寶的玩具。

2、說理法

透過語言，讓寶寶明白倒空東西是禁止的行為，除非獲得允許。這對能夠理解一些語言的寶寶來說，是不錯的辦法。

3、最有效的方法——讓寶寶學會收拾房間

當寶寶表現出對倒出的興趣時，同樣也對裝入感興趣，爸爸媽媽可以利用這一點，培養寶寶自己收拾房間的習慣。可以先從小事做起，比如將絨毛玩具放在大籃子裡，小汽車都放在小籃子裡，慢慢地寶寶就不僅能收拾房間，還能分清大小。

為了培養寶寶倒出和裝入的能力，可以為他提供一些適合的玩具，比如牛奶瓶、藥瓶、化妝品瓶子、錢包、包裝盒等較小的容器，和玩具箱、塑膠桶等較大的容器，在與寶寶一起收拾房間的過程中，教會他如何使用這些容器，然後就可以讓他自己玩耍了，即使

他不停地倒出再裝入都沒有關係。

家事遊戲2：購物

遊戲目的：熟悉室外的生活環境，掌握乘車時和在商店裡的行為規則，鍛鍊待人接物的能力。

情境再現

超市中，1歲半的仔仔坐在購物車的前座上，煩躁地扭動身體。

仔仔：「媽咪，回家。」

媽媽說：「你看那邊，好多好吃的，你如果乖乖的聽話，媽媽就買給你吃。」

仔仔：「我要回家，我要回家……」（仔仔的聲音越來越大，媽媽開始煩躁起來。）

媽媽：「好好，回家，你別再鬧了。」

媽媽不得不提前結束購物，離開超市。

專家解析：

當進入陌生環境，一些寶寶會因為陌生而感到害怕，表現得很安靜；另一些寶寶則正好相反，他們具有冒險精神，在陌生的環境中更加興奮，看到什麼都想要伸手碰碰，甚至所到之處，天下大亂。

從出門開始，問題就接踵而至。首先是乘車，為了寶寶的安全，爸爸媽媽不得不讓他坐在專用的嬰兒座椅裡，寶寶通常不喜歡這樣的安排，爸爸媽媽要態度堅決，不能做出讓步。不過可以在路上給他一些玩具，讓他自己玩，或者和他保持語言交流，總而言之，不要讓他感到無聊。

進入超市後，要強調兩點：規則和興趣，一方面要讓寶寶明白在公共場所大喊大叫，亂拿東西都是禁止的行為；另一方面，爸爸媽媽要讓寶寶坐在購物車上，給他提供良好的視野，讓他保持興趣。為了避免感到無聊，可以允許他帶上一些慰藉用品，比如奶嘴和抱抱熊。也可以讓他帶上自己的購物袋，模仿媽媽的行為。

等他能夠在超市中保持安靜時，可以讓他幫助媽媽做一些能力所及的事情，比如替媽媽拿貨物、和媽媽一起推車等。

當寶寶表現得很好時，可以適當給予物質或精神的獎勵。回到家中，還可以讓寶寶參與給物品歸類，恰好與培養寶寶「裝入」能力的活動相銜接，一舉兩得。

溫馨提示：

當寶寶大吵大鬧時，爸爸媽媽不用尷尬，並沒有多少人會對你們投以批評的目光，要相信，只要自己保持穩定的情緒，肯定能順利地應對寶寶的吵鬧。

家事遊戲3：做飯

專家解析：

廚房並不是不允許寶寶進入的危險地帶，應該讓寶寶用一種安全、快樂而且有教育意義的方式參與進來，給他探索的機會。

當寶寶還不會走路的時候，媽媽可以給寶寶一些能夠在廚房地面上玩的玩具，讓他自己玩。等到寶寶能夠站起來，他肯定會對媽媽正在做的事情非常感興趣，這時可以給他一些玩具餐具和廚具，放在低於灶臺的小桌子上，讓他模仿媽媽的行為玩玩具。如果他還希望瞭解更多媽媽正在做的事情，也可以把他放在灶臺上，但這裡畢竟比較危險。唯一比較安全的地方是水槽，乾脆就給他脫了衣服，放在水槽的溫水中，給他一些木質的或者塑膠的器皿，相信他能夠玩上很久。

媽媽還可以允許寶寶將蔬菜的邊角扔進垃圾桶，這是鍛鍊他「裝入」能力的又一個途徑，也是寶寶非常喜歡的工做。

溫馨提示：

當寶寶進入廚房時，一定要有一個人專門照料寶寶，以免發生危險。

家事遊戲4：洗衣服

情境再現

臥室中，寶寶雨菲正在整理要洗的衣服。

媽媽：「菲菲，妳把要洗的衣服拿給媽媽吧！」（寶寶非常高興地衝進媽媽的房間，拖了一堆衣服放在洗衣籃中，然後開始脫自己的衣服。）

媽媽立刻制止她：「妳身上的衣服不洗。」

雨菲：「洗，洗。」（堅持要脫自己的衣服。）

專家解析：

收集髒衣服、將髒衣服放入洗衣機、打開洗衣機的按鈕、拿出衣服、將衣服晾在衣架上、將晾乾的衣服歸原位，每一個細節都吸引著學步期的寶寶，對他來說，這些都是非常有趣的遊戲。

但是，如何讓他參與呢？

首先，要分清哪些是他能夠參與的活動，這些活動主要有：將媽媽收集好的髒衣服放到籃子裡，在媽媽的監督下放入洗衣粉，打開和關閉按鈕，拿出衣服和整理乾淨的衣服。不過，這些行為都要在媽媽的監督和幫助下進行。

其次，為了能夠讓寶寶更好地參與

活動，需要使用一些小技巧。比如使用兒歌讓寶寶瞭解流程，媽媽可以一邊有節奏地唱：「衣服都進洗衣機了」，然後遞給寶寶一勺洗衣粉，由寶寶放入洗衣機，然後再唱：「洗衣粉都進洗衣機了，洗衣機要關門了！」提醒寶寶打開按鈕，「洗衣機開始工做了！」

除了上面提到的這些家事遊戲之外，寶寶還可以參與洗車、修剪植物、掃地、擺放餐桌上的食物等等，只要爸爸媽媽和寶寶一起不斷地發現，寶寶探索的腳步就能永不停歇。

CH 4

跑跑跳跳，多開心！

中國有句古話：「三歲看老」，用一種誇張的說法表達了幼兒教育的重要性。不管這種說法是否得當，您的寶寶已經逐漸走向三歲了，他喜歡把更多的時間放在室外或家門外的世界中。希望有了我們的相伴，這一年，您和您的寶寶能夠更快樂地度過。

第一節 2～3歲寶寶特徵篇

2～3歲的寶寶，各方面能力都將呈現很大程度的提高：

一、動作方面

在肢體大動作方面經歷了「可以用四肢力量懸空前進→能走平衡臺→跳躍→獨自坐鞦韆→單腳站立」等五個基本階段，精細動作則經歷了「手指和指尖配合很好→穿線→使用湯匙→手指、指尖、手腕可以平衡使用→可以用刀子切東西→可以將黏土捏成各種形狀」等六個基本階段。雖然動作能力發展迅速，但動作遲緩，身體控制能力較差，缺乏自我保護的意識和能力，需要成人的幫助。

2、社會適應性方面

寶寶經歷了「可以自己穿鞋、穿衣服↓能用小茶壺倒水↓會自己脫掉外套↓會用肥皂洗手↓大便後能夠自己擦屁股」等五個基本階段，開始表現出獨立的傾向。他會嘗試著自己洗手，用小匙進食，自己穿脫衣服、鞋襪等。在如廁方面懂得表示需要，並能在成人幫助下自行如廁。但由於受動作能力水平的制約，動作仍然遲緩、笨拙，生活自理行為還需要成人幫助。

3、認知能力方面

主要經歷了「能夠感覺各種味道，包括臭味↓能分辨十種以上的圖形↓可以用語言表達冷、熱↓可以分辨長短、大小、粗細↓能夠匯集類似的顏色」等五個基本階段，這時的寶寶具有了新的探索能力，處於新異性的探索階段，對一切新奇的事物特別感興趣。

4、語言能力方面

經歷了「可以活用動詞、名詞和連接詞，會用『我』↓可以用詞卡做兩、三個造句↓可以閱讀大多數繪圖本↓可以用語言表現未來式的抽象概念↓可以記得圖畫書的故事」等四個階段，言語的發展也促進了自我意識的萌芽。

寶寶在情感態度和心理方面具有以下三方面的特徵：

1、情緒不穩定，對親近的人有強烈的情感依戀

2～3歲幼兒的情緒發展呈現明顯的易感性和易變性，情緒非常外露，極易受環境的影響。比如在幼稚園中，如果有一個孩子因為想媽媽哭了，便有一群孩子跟著哭起來。而且情緒變化迅速，前一分鐘還在笑，下一分鐘可能就哭起來了，然後突然被某樣東西吸引而結束哭泣。2～3歲的幼兒對親近的人有強烈的情感依戀，當與親人分離時，大多數都要經歷時間或長或短的分離焦慮。

2、自我意識萌芽，有明顯的自我中心傾向，易出現反抗情緒

2～3歲的幼兒出現自我意識的同時，在交流中常常帶有明顯的自我中心傾向，以自己的需要做為唯一的標準，如不願與同伴分享玩具、自己的願望不能得到滿足時便以哭鬧逼迫父母就範。經常出現反抗情緒，當爸爸媽媽希望寶寶表現地像個大孩子時，他反而越像個小寶寶，扭扭捏捏，一切依賴父母；而當爸爸媽媽希望寶寶表現地溫順時，他卻像個將軍，處處發號指令，對大人的行為指指點點。

3、具有強烈的探索慾望和很好的記憶力

當幼兒能夠行走後，呈現出更強烈的探索慾望和探索能力，同時具有了很好的記憶力，能夠記住自己曾經走過的路、聽過的故事情節，能夠回憶說出幾天內發生的事情。這些反過來為寶寶的進一步探索活動提供基礎。

上面的這一切都是寶寶人生遊戲的一部分，而且是非常充滿樂趣的一部分，爸爸媽媽可以從中也體驗到很多樂趣。

一、世界真奇妙，一看嚇一跳

情境再現

上午，寶寶波波和媽媽在社區的花園裡。

波波：「媽媽，地上有個黑色的人跟著我，妳把他趕走。」

媽媽：「寶寶，那是影子，並不可怕，你看媽媽的身後也有影子，我們來和它玩遊戲吧！」

媽媽和波波互相踩著對方的影子，蹦蹦跳跳。

專家解析：

如上文中提到的那樣，2歲後的寶寶具有了新的探索能力，開始不斷發現新的探索事物，在探索的過程中，鍛鍊了一種新的能力：排序、歸類和計算。

吃飯時，當寶寶發現自己的碗與爸爸媽媽的不同時，會大吵大鬧，當時你可能非常煩惱，但是回想起來，你會很開心，因為寶寶能夠區分碗的不同了。寶寶幫助媽媽折菜時，他會學著媽媽的樣子將黃色的葉子拿出來，這也是在發現不同，進行歸類。當寶寶能夠自己收拾房間，那麼他就不僅僅學會了區分不同，還學會了排序、歸類和計算，因為要在不同的地方擺放不同的玩具，還要分清先後順序。當然這都需要一個循序漸進的過程，方法就是各種遊戲。

在寶寶看來，觀察不斷變化的天空就是一個不錯的遊戲，這時爸爸媽媽可以為寶寶準備一個塑膠的相機，寶寶肯定會很

喜歡。鞦韆是讓寶寶著迷的一項新玩具，他坐在上面可以發現天地間的特殊變化，體驗身體的不同感覺。當寶寶吃冰淇淋的時候，他會忍不住停下來，看著冰淇淋的奇妙變化，試著舔一口，涼涼的感覺也會讓他驚喜。總之，一切之前沒有接觸過的事物，都成為了寶寶的探索對象，比如機械玩具、鍋碗瓢盆、勞動工具等，即便是已經接觸過的，比如機械玩具、瓶瓶罐罐、電視、電腦，寶寶也會從中發現新的內容，自娛自樂很久。在爸爸媽媽看來再習以為常不過的東西，都是寶寶的新遊戲和新玩具。

這時的寶寶將探索的範圍不斷擴展，從室內延伸到室外，從自己家到別人家，他喜歡拜訪小朋友家，喜歡去動物園，喜歡和爸爸媽媽在公園散步、喜歡陪媽媽去市場購物，在不停地走動過程中，他發展了一種新的認知：空間感和時間感。

寶寶知道了昨天和今天的區別，自己家和別人家的區別，知道電視裡和生活中的聯繫，同時掌握很多新的概念，比如益蟲和害蟲、動物和植物等等。

爸爸媽媽：「既然寶寶的探索這麼重要，為了給寶寶的探索活動掃清障礙，我們應該怎麼做呢？」

專家解析：

爸爸媽媽應該做的首先是放鬆心情，接受寶寶已經長大的事實，從寶寶的角度出發，為寶寶提供豐富的探索材料。這裡提供幾個案例，希望能夠為爸爸媽媽提供一些啟示。

1、牙膏

一般情況下，爸爸媽媽都將牙膏好好的收起來，不讓寶寶玩耍，但越是禁止的東西對寶寶越有吸引力。如果發現自己的寶寶對牙膏非常感興趣，可以為他提供一張桌子，讓他們把牙膏擠在桌面上，爸爸媽媽可以示範如何控制力道擠出不同的圖案，如果有兩管不同大小的牙膏，可以比對不同，這將是一個非常有趣的遊戲。

擠出來的牙膏可以用來擦桌子和沾上油污的任何地方，這樣就不用擔心浪費的問題了。

2、鹽

大人們都知道，鹽在水中會慢慢溶解，但寶寶需要經過自己的探索才能發現這個道理。當寶寶陪著媽媽在廚房中玩耍時，媽媽可以給寶寶一個小碗，裝上水，然後放入一些鹽，讓他觀察其中的變化，同時用語言告訴他「溶化」的意思，有的寶寶會在發現這一變化後繼續對其他物體進行實驗，比如將豆子、黃瓜，甚至自己的手都放在水中，看看它會不會溶化，經過一番「實驗」，寶寶會逐漸瞭解哪些物體能夠溶化，而哪些不能，並且明白「溶化」這個詞的涵義。

3、香水

香水也是媽媽不允許寶寶觸碰的東西，一是怕香水的味道刺激寶寶的嗅覺，二是怕昂貴的香水被寶寶浪費。但是香水的味道和香水瓶的噴頭實在很奇妙，只要寶寶見過媽媽使用香水，他就想把它拿來研究研究。為了滿足寶寶的願望，媽媽可以為寶寶提供一些帶噴頭塑膠的瓶子（化妝品店賣的那種空瓶子就可以），裝上水後帶寶寶在陽光下噴出來，還能看到小彩虹。

除了給寶寶提供不同的探索物件外，爸爸媽媽還應該擴大寶寶的活動範圍，帶他去朋友家做客、去花園散步、去超市購物等等，上一章中已經提到超市購物的原則，這裡介紹一些寶寶即將進入的一個新環境——幼稚園。

讓2歲的寶寶進入幼稚園是一個明智的選擇，那裡他能接受更全面的培養，參加集體的遊戲活動，有專門的教師陪伴左右，有充足的玩具和適合幼兒年齡特徵的硬體設施等等，當爸爸媽媽打算將寶寶送入幼稚園的時候，首先應該暸解幼稚園是否滿足下面的條件：

1、坐落在家附近，開車或坐車20分鐘內到達。

2、將健康和安全放在第一位。

3、教師分工得當，配合默契，有專門負責教育和保育的老師。

4、負責教育的老師平均每人負責5個以內的孩子。

5、保育老師和孩子的關係良好，能夠照顧到每個孩子，並且在保育的同時能夠花時間和每個孩子交談。

6、室外和室內的設施完備，為不同年齡階段的孩子提供不同的用具，教室用孩子們自己的藝術做品、與當時的教育任務相對的圖片等來裝飾。

7、只要天氣允許，教師就帶孩子們到室外活動，每週有固定的戶外活動安排。

8、一日做息時間安排得當，有早餐、午餐、晚餐和茶點時間，根據不同年齡階段的孩子安排不同的飲食並富於變化。

9、鼓勵家長參與幼稚園的活動，為家長和教師提供固定的交流時間和交流方式，比如成長紀錄本等。

10、有特長教育可供選擇，並不是強制性的入園條件，重視幼兒各方面能力的全面發展。

當滿足以上的條件後，爸爸媽媽就可以放心地將寶寶送進幼稚園了。

二、我是誰？

情境再現

2歲3個月的開心和姑姑在自己的房間裡換新衣服，媽媽在客廳。

開心：「媽媽，快來！快來！」

媽媽跑進開心的房間。

開心：「媽媽，妳看，寶寶在鏡子裡，穿了一件新衣服。」

媽媽：「真漂亮！」

姑姑：「那我問你，寶寶的名字是什麼啊？」

開心：「是開心。」

姑姑：「那你是誰呢？」

開心：「我是寶寶。」

姑姑：「你是開心，也是寶寶。」

開心疑惑狀……

專家解析：

2～3歲的寶寶已經具有自我意識，其表現之一是能夠辨認自己和別人，會使用「我」這個詞，同時表達自己對某樣東西的所有權，比如「那輛車是我的」，甚至也會對爸爸媽媽表現出強烈的佔有慾望。所以，當爸爸媽媽買了一些新玩具給寶寶時，他多了一種新的心理體驗，他會認為新玩具並不是自己的，所以更喜歡舊玩具。

寶寶具有自我意識的另一種表現是具有了表達自己喜好的能力，會說「我想要」和「我不想要」、「我喜歡」和「我不喜歡」，比如寶寶會說：「我喜歡吃媽媽做的飯，不喜歡幼稚園的」、「我想要看電視」等等。

寶寶還能夠體會別人的感受，比如當媽媽不小心摔倒的時候，寶寶會問：「妳疼嗎？」或者當他穿上新衣服，會問：「妳喜歡嗎？」

當寶寶擁有了自我意識，也就有了喜、怒、哀、樂。如果說學步期的寶寶會為了拒絕而拒絕，喜歡表達比較消極的情緒，那麼2～3歲的寶寶已經能夠展示更積極的情緒了，比如一個擁抱，一個親吻，他懂得這樣的方式更能控制爸爸媽媽，滿足自己的要求，所以當寶寶想從奶奶那裡獲得一顆糖，他會很有禮貌地說：「奶奶，請您給我一顆糖。」他也會在不小心犯錯後說：「對不起，我錯了。」當然，這和幼稚園裡的禮儀教育分不開。

如果這時候的寶寶還是堅持用哭鬧和拒絕的方式逼爸爸媽媽就範，那麼爸爸媽媽應該做的就是堅持原則，否則寶寶會錯誤地將哭鬧當成解決問題的唯一辦法，繼續使用下去。

總而言之，不論寶寶使用什麼方式，2～3歲的寶寶的確更圓滑了。應該說，這也是好事。

三、我能夠照顧自己了

情境再現

門廳裡，2歲6個月的瑞瑞在給自己穿鞋子。

瑞瑞：「媽媽，出門吧！我穿鞋了。」

媽媽：「出去幹什麼呢？」（瑞瑞堅持出門，媽媽只好穿上鞋子，陪他出來，但剛剛走到樓下，瑞瑞就要求回家。）

瑞瑞：「回家，脫鞋。」

專家解析：

上面提到的瑞瑞看似奇怪的行為其實並不奇怪，他喜歡上了穿鞋和脫鞋，但是他認為只有出門才能穿鞋，所以堅持要出門，但是出了門又立刻回來，這樣就能繼續脫鞋的遊戲了。

在成長的過程中，寶寶開始逐漸喜歡上自己照顧自己，不斷發現穿衣、吃飯、洗澡、上廁所等的樂趣，爸爸媽媽很高興看到寶寶有這樣的變化，但同時也要接受更大的挑戰。

1、睡覺問題

大多數孩子不願意按照爸爸媽媽要求的時間上床睡覺，不理解為什麼爸爸媽媽可以不睡覺，而自己卻要睡覺，會將睡覺看做一個殘酷的懲罰，而且寶寶一人睡覺難免會有孤獨感和恐懼感。雖然有些父母採置之不理的方法，期望寶寶哭鬧一會兒就能睡著，但是大多數情況下這種方法不起做用，而且讓寶寶記恨父母，也更加討厭睡覺。

比較有效的方法是讓睡前時間變得有趣和舒適，採用「誘導法」的方法讓寶寶逐漸入睡，以減少寶寶的孤獨感和焦慮感。爸爸媽媽可以延續睡前講故事和唱歌的習慣，可以給寶寶準備舒適的大床和漂亮的睡衣，在房間裡增加夜燈和各種動物玩具、洋娃娃，可以給寶寶一個甜蜜的吻，並輕輕撫摸寶寶的背部，可以在睡前陪寶寶玩一個輕鬆的遊戲，比如捉迷藏，爸爸說：「我們用被子把自己藏起來，讓媽媽看不到好不好？」然後誘導寶寶鑽到被子下面，等到聽完幾個故事後，他就能進入夢鄉了。每個寶寶都有自己的特徵和喜好，爸爸媽媽需要經過一個摸索的過程形成適合自己寶寶的睡前活動習慣，並根據變化適當做出調整。

溫馨提示：

寶寶房間的基本環境要求：安靜、空氣新鮮、溫度和濕度適中（溫度20度左右，濕度40～50％）、被褥舒適、厚薄適中、光線不應太強，夏天應注意驅蚊滅蟲。在此基礎上使用上面的誘導法更有效。

除了入睡的問題，還有半夜驚醒的問題。很多寶寶經常出現半夜驚醒的問題，可能是做了噩夢，或是起來小便，這時最好的辦法是將寶寶帶回自己的房間，在爸爸媽媽的安撫下重新入睡，而不是讓寶寶乾脆睡在父母身邊，打破原有習慣是不可取的方式。

當寶寶能夠理解語言的時候，給寶寶講道理變成處理所有問題的有效方法，上面的問題爸爸媽媽可以說：「寶寶已經長大了，是大孩子了，大孩子要自己睡覺喔。」激發寶寶的自我意識，進而變得更堅強。

當寶寶出現異常的行為時，爸爸媽媽應該回憶一下寶寶白天是否受過驚嚇，是否擔心會與爸爸媽媽離開，是否經歷了什麼可怕的事情，經過分析，找出原因，就能即時為寶寶打消顧慮，恢復正常的睡眠。

2、吃飯問題

這時的寶寶喜歡將吃飯當做一個遊戲，充滿興趣的進行，有時候喜歡敲打盤子，有時候喜歡將飯粒故意弄得到處都是，這些行為都是非常正常的幼兒行為，爸爸媽媽不必放在心上。

可是寶寶挑食的問題讓爸爸媽媽傷透了腦筋。比如笨笨要求媽媽給他做蛋炒飯，但是媽媽做好後，他又不肯吃了。有的時候，寶寶無法遵守在公共場所吃飯的禮儀，讓爸爸媽媽很尷尬，比如甜甜在飯店裡就是坐不住，繞著飯店跑來跑去，爸爸媽媽為了讓她乖乖坐下，買了冰淇淋給她，但是她像小貓一樣舔著冰淇淋，讓爸爸媽媽很難堪。

這時，爸爸媽媽需要冷靜下來，然後審時度勢地想出一個合適的辦法，比如「轉移注意力法」，針對上面寶寶不肯吃蛋炒飯的問題，可以這樣解決：

【遊戲演示】

飯廳中，笨笨撅著嘴，不肯吃蛋炒飯。

媽媽（假裝拿起調料瓶）：「你不喜歡吃蛋炒飯嗎？那現在我加一些青菜進去，你嚐嚐如何？」

笨笨：「妳放了什麼，我不喜歡吃青椒啊！」說著嚐了一口。「我還要一點辣椒醬。」

媽媽：「來了，給你辣椒醬，但是不要放太多喔，會肚子疼的。」

笨笨（假裝放了些辣椒醬）：「現在好吃多了。」

為了解決上面寶寶沒有吃飯禮儀的問題，媽媽可以使用「誘導法」，說：「有一隻小貓咪來吃寶寶的冰淇淋了，但是牠會使用湯匙，吃的比寶寶快喔。」寶寶看到自己的冰淇淋被別人吃，就會換成湯匙了。

3、穿衣問題

可能是出於人類的本能，有的寶寶學會了脫衣之後，就不肯穿衣服了，經常是光著身體在家裡到處走動，甚至出門的時候也不願意穿上衣服。有的寶寶只喜歡穿固定的幾件衣服，不肯穿爸爸媽媽準備的新衣服。這個時候，還是要使用一些小技巧了，比如小茹的媽媽做的那樣：

【遊戲演示】

媽媽（拿出一個盒子給小茹）：「小茹，看看媽媽給妳準備的禮物。」

小茹：「喔，是裙子，我來穿穿看。」

媽媽為了讓小茹換一套衣服，所以故意將裙子放在盒子裡，因為她知道小茹很喜歡從盒子裡拿出東西的感覺，正如媽媽預料的那樣，這個方法果然奏效。

同時，爸爸媽媽應該適當尊重寶寶的意願，讓他穿自己喜歡的衣服，而且由他自己穿上，這樣能夠幫助寶寶形成自立能力，不至於永遠依賴父母。

4、洗漱問題

大多數寶寶都很喜歡洗澡，邊洗澡會邊玩水，但是提到洗頭就是另外一回事了。民間有種說法，認為是寶寶「護頭」的意識使寶寶不願意洗頭，這個說法可能有一定的道理，但更重要的原因是寶寶害怕洗髮液進入眼睛，或者曾經有過這樣的經歷，因此討厭洗頭髮。所以首要問題是幫助寶寶擺脫對洗髮精的恐懼，可以使用「誘導法」。媽媽帶寶寶到理髮店，看理髮的阿姨幫媽媽洗頭髮，回到家後，寶寶和媽媽玩洗髮的遊戲，由寶寶幫玩具娃娃洗頭。

【遊戲演示】

浴室裡，媽媽和寶寶用玩具娃娃玩洗頭的遊戲，娃娃坐在浴盆中。

媽媽：「娃娃不要動，寶寶幫你洗頭髮。」

寶寶：「我不會把水弄到眼睛的，不要動啊！」

媽媽：「真乖，寶寶最會洗頭了。」

10分鐘後……

媽媽：「寶寶，媽媽幫你洗頭好不好，媽媽也不會把水弄到眼睛的。」

寶寶：「好吧！」

讓寶寶為媽媽洗頭髮也是一個不錯的辦法，他會覺得洗髮精的泡沫非常好玩，所以喜歡上洗頭，也可以讓寶寶在洗頭髮時從鏡子裡看著自己，也能起到同樣的做用。

溫馨提示：

爸爸媽媽幫寶寶洗澡時要始終陪著他，不能讓他一個人，因為即便是很少量的水也可能溺死2、3歲的寶寶。

睡覺、穿衣和洗頭只是寶寶生活中的很小一部分，也是爸爸媽媽接受挑戰的幾個環節，再有耐心的父母偶爾也會與寶寶發生衝突，為了盡量避免這種衝突的發生，首先應該瞭解自己的寶寶。爸爸媽媽應該知道，當寶寶飢餓或睏的時候，心情比較煩躁，容易哭鬧，而當寶寶玩心很濃的時候可能忘記累和餓；當寶寶在別人家做客的時候可能非常乖巧，而一旦回到家就會立刻變得桀驁不馴；當寶寶和自己喜歡的小朋友一起玩耍時可能特別懂事成熟，而當遇上自己不喜歡的小朋友，就會變得霸道不講理……當寶寶在這些情況下哭鬧時，爸爸媽媽應該將其視做正常現象，進而減少不必要的煩惱和沮喪。

另外，爸爸媽媽還應該掌握一些基本的應對策略，面對問題時適時的使用：

1、誘導法

誘導法，即使用寶寶不會察覺的有趣的方法，讓寶寶完成爸爸媽媽交給的任務，上文中兩次提到了這個方法。另外，當媽媽希望讓寶寶自己穿衣服時，可以說：「我幫你穿了一隻襪子，現在該你自己穿上另一隻襪子了。」再比如，當爸爸希望寶寶收拾自己的玩具時，可以說：「天黑了，卡車和公共汽車的司機都要下班了，快點把車開回你床下的車庫裡吧！小熊和娃娃也要睡覺了，你就把它們放在床上吧！它們長大了，能夠自己睡覺了。」

一般來說，寶寶不喜歡自己一人完成某項任務，所以當爸爸媽媽參與進來或者看著他時，他能夠比較開心而且比較快的完成任務。

2、提前準備法

如果希望寶寶完成一件他害怕的任務，可以提前做準備，讓寶寶瞭解將要發生的事情，進而消除寶寶的恐懼感。比如去醫院前，爸爸可以先和寶寶玩「醫生和病人」的遊戲，寶寶裝扮成醫生，爸爸裝扮成病人，由爸爸指導遊戲的流程，讓寶寶瞭解醫生的工做程序和方法，就能幫助寶寶減少恐懼。

3、轉移注意力法

上文中提到過的轉移注意力法，就是用一件更有趣的事情轉移寶寶當下的注意力，進而避免衝突升級。但如果寶寶堅持當下的要求，這種方法就失效了。

4、說理法

2、3歲的寶寶能夠理解爸爸媽媽的語言，而且處於對語言非常敏感的階段，所以，說理法對他們能夠起到很明顯的做用。

爸爸媽媽使用說理法時，可以用嚴肅的語言解釋要求寶寶做某種行為的原因，比如「牛奶裡面有豐富的鈣質，能讓寶寶長高，所以應該多喝牛奶。」或者使用溫柔的語言告訴寶寶自己對他錯誤行為的看法：「你這樣做讓媽媽很難過！」2、3歲的寶寶開始關注別人的感受，這種方法能夠起到一定的做用。

說理法還包括提前制訂一定的規則，這時最好使用肯定的說法，比如應對寶寶說「說話要有禮貌」而不是「你不能那樣大呼小叫」，或者應說「飯後再吃水果」而不是「飯前不能吃水果」，前者對寶寶更有說服力。

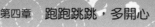

溫馨提示：說理法應該堅持「言簡意賅」的原則，講道理控制在5句話以內，因為寶寶無法理解過多和過於複雜的解釋，也無法接受。

5、獎勵和懲罰

有時候為了避免衝突，爸爸媽媽可以採用迂迴的獎勵法讓寶寶就範，這種方法的形式很多，比如一個擁抱、一個新玩具、一次戶外遊玩等等。當解決吃藥、外出購物等棘手的問題時，這種能夠立刻生效的方法非常適用。

當不論何種方法都無法奏效時，就只能訴諸最後一種方法：懲罰。

若問題不是很嚴重時，爸爸媽媽可以僅採用語言批評的方式，比如「你這樣做是不對的！」或者「你再這樣，媽媽不喜歡你了！」當問題比較嚴重時，需要採用更嚴厲的處罰措施，這裡介紹兩種方法：

第一種：「禁止某些行為的方法」，比如當天不允許寶寶看電視，或者不許寶寶陪媽媽做飯。

第二種：「計時隔離法」，即讓寶寶單獨一人待在隔離的環境中，不能進行任何遊戲活動，並保持一定的時間。這種方法有時會產生副做用，比如當寶寶因為某種錯誤行為被要求單獨待在自己的臥室時，他可能會對臥室產生恐懼感，當爸爸媽媽讓他進房間睡覺的時候，他會以為這也是在懲罰他，而影響睡眠。所以在採用計時隔離法前，應選擇合適的隔離環境：

①用放在開放空間中的一把椅子做為隔離場所。

②當採用隔離法時，爸爸媽媽應使用平靜的語氣而不是憤怒的語氣。

③當寶寶心情好時，用遊戲的方式讓寶寶瞭解隔離椅，比如爸爸對小熊說：「小熊，你又大哭大鬧了，那麼現在你只能到那個椅子上坐一會兒，等你冷靜下來，再繼續和寶寶玩遊戲吧！」

溫馨提示：

實施懲罰措施時應堅持兩個原則：

錯罰相當。錯與罰要相當，指寶寶犯了多大的錯，就用多大的罰，不能輕錯重罰，也不能重錯輕罰，要掌握合理的尺度，避免過猶不及。

獎勵為主。當寶寶做出了正確的行為，應該給予獎勵，以鞏固正確的行為。而當正確的行為替代了錯誤的行為後，也應該給予獎勵，這是因為獎勵對寶寶的影響更大，更能夠起到教育效果，所以盡量多採用獎勵的辦法。當獎勵的辦法無法生效的時候，再使用懲罰的辦法。

第二節　2～3歲寶寶玩伴篇

隨著年齡的增長，寶寶已經對家裡的長輩以及爸爸媽媽的朋友非常熟悉了，能夠主動邀請他們陪自己玩或者乾脆不理他們，這其中基本沒有什麼問題了。

唯一的問題就是寶寶與同年齡夥伴的關係，這裡需要逐一介紹寶寶和同年齡的朋友、和比自己大1、2歲的朋友和幼稚園中的朋友一起玩時的行為表現，並解決其中的問題。

一、學會分享

情境再現

遊戲房中，4歲的露西抽泣著走出來，2歲7個月的南南跟在後面。

露西：「我再也不和你南南玩了，你把我的玩具都弄壞了。」

南南（關心地）：「妳不玩了嗎？我可以修好啊！」

露西：「不玩了，我要去玩別的。」

南南：「我也要玩！」

專家解析：

對寶寶來說，玩的內容才是最重要的，和誰玩並不重要。不過，和不同年齡的小朋友一起玩，其中的問題是不同的。

如果玩伴是同年齡的小朋友，其中最重要的問題就是如何分享玩具。這個年齡階段的寶寶對玩具有強烈的佔有慾，他知道家裡所有成員都有屬於自己的某些東西，而玩具和自己的房間、小床等就是屬於自己的，所以他無法理解分享這個行為，也不能像大人一樣，明白借出去的東西一樣是屬於自己的，他害怕分享就會失去。如果家中不只一個子女，那麼寶寶所接觸到的大多數玩具是共有的，其他的兄弟姐妹也能玩，這些寶寶就更習慣於分享玩具，當在其他場合時也能比較主動積極地分享玩具了。當然，每個寶寶還是有一些玩具不想與其他人分享，即使是自己的兄弟姐妹也不行。

總體而言，2～3歲的寶寶能夠逐漸學會在某些場合與小朋友分享玩具，他能夠根據自己的喜好選擇分享的對象，願意和自己喜歡的小朋友分享，而且寶寶會分辨哪個小朋友是會還玩具的，哪些是不會還的，然後將玩具與他分享。但是，根據一項研究結論，幼兒與同年齡玩伴接觸越多，他越想保護自己的東西，也更希望獲得別人的東西，形成一種惡性循環，其原因之一是父母不正確的處理方式。

大多數爸爸媽媽在面臨分享的問題時會採用「先來後到」的方法，就是誰先拿到玩具誰就可以玩。

但是這樣的方法更易激化寶寶之間的矛盾，因為能夠先拿到的寶寶憑藉比較好的體力，總是能夠先拿到，而另一個則總是拿不到。

此外，這樣的方法似乎告訴寶寶，只有搶奪才是獲得玩具的方法，強化了寶寶對暴力方法的認同，然後將這種方法推廣到其他地方，那樣的話，爸爸媽媽的麻煩就大了。如果爸爸媽媽採用「輪流玩」的方法，恐怕也不適合這個年齡階段的寶寶，他還不能理解輪流的意思，只看到玩具被別人拿走了這個事實，或者自己拿走玩具後也不會在一段時間後將玩具給小朋友。所以這兩種辦法都不可取，那麼該使用什麼方法呢？

二、培養孩子的分享意識

1、確認玩具的歸屬關係

讓幼兒確認什麼是自己的明確歸屬關係，是非常重要的學習內容，而且有助於寶寶建立正確的所有權意識，否則一味讓寶寶分享，只會模糊寶寶對所有權的認知，長大後也不能明確別人對物品的歸屬權，導致竊盜行為的發生。

2、交換

三歲的幼兒還無法理解分享的涵義，特別是在沒有受過相關訓練的情況下，所以可以將交換做為向分享過渡的中間過程，讓寶寶在與其他寶寶交換的過程中，初步體驗分享的快樂，而且瞭解拿走的玩具還是要歸還的，打消寶寶的顧慮。

在這個過程中，爸爸媽媽還可以將一些分享的理念融入在生活中，比如吃飯的時候，媽媽可以給寶寶夾菜後，也給爸爸和其他家庭成員夾菜，同時說著：「奶奶一塊、寶寶一塊、爸爸一塊、媽媽一塊。」陪寶寶玩滾球的遊戲時也可以說：「媽媽滾一次，寶寶滾一次……」經過不斷的耳濡目染，寶寶就能慢慢地接受分享的行為了。

3、合做遊戲

帶寶寶到別人家玩的時候，帶上自己的一個玩具，和其他小朋友共同玩一個遊戲，這樣就能在玩的過程中接受分享了。也可以由同年齡的寶寶的爸爸媽媽合買一套玩具，讓孩子意識到只有大家合做才可以玩。還可以讓幾個孩子一起玩扮演角色的遊戲，在互相配合中共同完成一項任務。

相信經過上面的步驟，寶寶就能學會分享並體驗分享的快樂了。

第三節　2～3歲寶寶玩具、遊戲篇

寶寶2歲之後，身體能力的發展趨於穩定，語言能力呈現跳躍式發展，每天都在學習新的詞語和用法，完成精細動作的能力也在迅速發展，雖然還在著迷於「倒出和裝入」的遊戲，但已經更有目的性，有的時候是為了尋找一樣東西，有的時候是為了裝入所以倒出，因為他已經把興趣點轉移到裝入這項更高難度的遊戲上了。寶寶的身體和智力水準給他創造了開展新遊戲的條件。

寶寶們不再滿足於「扮家家酒」，希望進行更專業的扮演劇遊戲，所有的這些都組成了寶寶新的遊戲世界。

一、說話的遊戲

情境再現

同為2歲4個月的小魚和小路在玩拼圖。

小魚：「我要將這塊放在這裡，再給我一塊。」（小路從地上拿起一塊拼圖。）

小路：「給，給，給你。」

小魚：「這是一塊很難的圖，非常難……這塊放在這裡。」（小魚將小路手中的另一塊拼圖搶過去。）

小路：「我放，讓我放。」

小魚：「你去放你的啊！這是我的拼圖，你不是更喜歡你的拼圖嗎？」

小路：「我放，讓我放！」

專家解析：

不難看出，上面對話中的小魚的語言水準遠遠高過小路，她已經能夠非常清楚地表達自己的意思了，而小路還無法說出完整的句子。並不是說小魚的智商就高過小路，只是發展的速度不同，等到了3、4歲的時候，他們語言水準的差距就基本沒有了。

如果爸爸媽媽還是希望自己的寶寶語言能力發展得更快一點，或者說在發展的過程中更快樂一些，那就可以按照下面的方法與寶寶一起玩語言遊戲：

1、聽力遊戲

所謂聽懂在先，會說在後，如果寶寶的語言表達能力差，主要源自聽力方面的障礙。當寶寶能夠聽懂語言，經過模仿的過程，他就會變得能言善道了。

遊戲推薦——「捉迷藏」

當寶寶不在眼前的時候，爸爸媽媽就可以利用這個機會與寶寶玩捉迷藏的遊戲，用有趣的語言逗引寶寶他們豎起耳朵來聽，並且故意犯錯延長遊戲時間。

【遊戲演示】

客廳中。

爸爸：「寶寶在哪裡呢？我知道你藏起來了喔。我要把你找出來。」

媽媽：「是不是藏到洗衣機裡了？我們去看看吧！」（走到洗衣機前。）

爸爸：「沒有啊！再去看看他是不是躲在陽臺上吧！他最喜歡和小狗睡在一起了。」

（來到陽臺。）

媽媽：「也沒有啊，我肯定他是被小貓帶走了，我們去問問貓咪吧！」（寶寶笑著從沙發後面跳出來。）

寶寶：「我在這裡！」

遊戲推薦——「唱歌」

唱歌對刺激寶寶的聽覺很有幫助，爸爸媽媽可以將寶寶生活中熟悉的東西編入歌曲中，或者將奇怪的內容編入歌曲，逗引寶寶發問。

如果唱完整的歌曲讓爸爸媽媽感到為難，那也可以用兒歌代替，具有節奏感和豐富的內容，也是不錯的選擇。

遊戲推薦——「聽故事」

很多寶寶都喜歡聽故事，每天聽上3、4個小時也不會厭煩，而且能夠在過程中不斷發問，比較安靜地做好，這都是其他遊戲做不到的，爸爸媽媽應該很喜歡這個遊戲。關於讀書的規則在上文中有詳細的介紹，這裡不再贅述。

遊戲推薦——「看電視」

電視中的廣告有比較簡短的語言、明快的節奏和色彩鮮豔的圖畫，經常成為寶寶關注的焦點，其中的語言也會成為寶寶模仿的對象。當寶寶能夠模仿出廣告語之後，就可以為寶寶準備簡單的故事光碟或者錄音帶了，這種方式的錄音比較清晰、故事長度適中、有音樂背景、詞句簡單，很適合寶寶聽，可以重複很多遍，還可以教會寶寶自己使用收錄音機，他們很喜歡操做這些電器。

不過看電視和聽錄音的互動性比較差，最好的方式還是親子遊戲，在豐富多彩的遊戲中提高寶寶的聽力能力。

2、非語言遊戲

在寶寶能夠懂對話的意思後，他就開始嘗試表達自己的觀點和意圖，但他並不是一開始就能夠說出完整的句子，其中還有一個使用非言語的過程。所謂非言語就是寶寶使用音調、表情和動作代替完整的語言，表達出自己的想法。比如向下面的對話中那樣：

【遊戲演示】

客廳中。

寶寶（面向媽媽伸出雙手，帶着請求的表情）：「啊！啊！」

媽媽：「好，媽媽抱你，那你想去哪呢？」

寶寶（一隻手指向窗邊）：「啊！啊。」

媽媽：「喔，你想看窗戶上的雪花嗎？很漂亮。」

寶寶（拍著手，帶著快樂的表情）：「啊！啊！」

媽媽：「是不是很滑很冰啊！到中午的時候你就看不到了。」

寶寶：「啊？」

媽媽：「因為到了中午太陽公公一曬，它就融化了啊！」

上面的對話中，雖然寶寶始終只發出「啊啊」的聲音，但其中包含了很多資訊，說明寶寶已經開始希望表達自己的想法了，只是辭彙和資訊的儲備還不夠豐富，無法實現語言表達。這時建議所有的爸爸媽媽像上面對話中的媽媽一樣，接受寶寶傳達來的資訊，同時給予言語回應，為寶寶提供很多資訊和可供模仿的對象。逐漸地，當寶寶掌握了足夠的資訊和辭彙後，就能夠使用語言表達了。

另外，還可以透過遊戲豐富寶寶的辭彙量：

（1）找自然

遊戲內容：拿著圖片書，然後在戶外找和圖片上的物體配對的東西，比如：在鳥的畫上，黏一片羽毛，然後告訴寶寶這是「鳥的羽毛」；在樹的畫上，黏一片葉子，告訴寶寶「這是樹上的葉子」；找到花朵，黏一瓣在圖片上，告訴寶寶這是「花瓣」等等。

（2）「瓜」家族開會

遊戲內容：將許多「瓜」擺在廚房桌子上，如：西瓜、南瓜、香瓜、冬瓜、哈密瓜等，同時擺上相對的圖片，邊吃瓜邊與瓜開會，加深寶寶對這些瓜的瞭解。同理，可以給其他的物品也開個會。

在這裡需要提醒爸爸媽媽們一點，當寶寶還無法使用語言表達時，不要勉強他說話，故意提出問題要求他回答，或者對他的非語言不做回應都是不對的做法，這會讓寶寶對語言表達產生厭惡的情緒，就像一個中國人逼迫一個不懂漢語的外國人說漢語一樣，而且對寶寶的非語言不做回應，只會影響寶寶的資訊儲備過程，延長寶寶的非語言階段。其實，當寶寶掌握了足夠的辭彙和資訊，希望更好的傳達自己的意思時，就自然會開口說話了。

3、對話

當寶寶能夠說出單個詞語後，只需幾週或者幾個月，就能說出長句了，這個過程在不同寶寶的身上有不同的表現。有的寶寶會經過由能說出3個字的句子到4個字的句子再到5個字的句子，這樣一個完整的變化過程，而有的寶寶一開口就能說出4、5個字的句子了，這些不同都是正常的，爸爸媽媽不用擔心。同時，寶寶掌握語法的過程也非常迅速，透過對周圍人的模仿和觀察，很快就學會了如何使用動詞、名詞、形容詞等。

如果爸爸媽媽仔細觀察，會發現寶寶經常在自己玩一種「自言自語」的遊戲，特別是獨處或者自己玩遊戲的時候，會說：「我今天一定要搭出一座漂亮的大樓，咦？積木怎麼少了一塊，你去哪裡了，在哪裡呢？啊！你在這裡啊！下次不要再跑了喔！」有時會說出上面的長句，有時會將長句變成一個個短句，然後再拼起來，都是很有意思的遊戲。爸爸媽媽可以參與進去，也可以讓寶寶自己玩，即便出現了錯誤也不用著急，因為不久就能自己改過來了。

聽起來，好像寶寶說話這個階段並不需要爸爸媽媽的參與，讓他自己「玩」就好了，但是當寶寶和爸爸媽媽對話的時候，爸爸媽媽還是要好好參與一下的。

(1)爭論遊戲

在寶寶看來，爭論就是一項遊戲，一項能夠改變別人行為的遊戲。不過有的時候，寶寶的童言童語會引起爸爸媽媽的誤會。

當寶寶希望表達自己的意願時，會模仿爸爸媽媽的語氣、使用他們使用過的辭彙，比如「我的精神很好，不需要休息」、「我現在在工做，請不要打擾我」

等等，他的話聽起來很可愛，很容易惹得人發笑，但寶寶的態度是很嚴肅的，他並不是在取悅誰，而是在表達自己真實的意思。所以，當爸爸媽媽不斷地向寶寶強調飯前洗手的要求時，他也許會說「我知道了」或者「閉嘴」，來表達自己對你重複強調的厭煩，但是這並不是在傳達反抗的情緒，而是的確厭煩了這個事實，爸爸媽媽這時就應該考慮自己的行為是否適當。

面對寶寶稚嫩可愛的語言，一方面不能將其當做笑話，置之不理，另一方面也不能為了快速解決問題，強迫寶寶停止說話。前者容易引起寶寶對語言的失望情緒，後者則會讓寶寶不願再與爸爸媽媽交流。所以正確的做法應該是允許寶寶爭論，同時從中提取有效的資訊，回饋寶寶，並且透過示範正確的語言幫助寶寶改正語言錯誤。

透過不斷地爭論，寶寶從中獲得樂趣，獲得更好的語言能力，並且逐漸與爸爸媽媽達成共識。

溫馨提示：

當無法達成共識時，寶寶會自我安慰，比如說當他要求吃麵條，但是只得到米飯時，寶寶會說：「明天會有麵條。」再如當寶寶因為沒有吃到冰淇淋而拒絕吃點心時，因為自尊心的關係，他會說：「我一點也不喜歡吃點心。」這些都是寶寶自我意識的一種表現，爸爸媽媽不用為了逼寶寶就範，而拆穿他的小伎倆，就讓他自己做決定吧。

（2）問題遊戲

當寶寶學會問「哪裡」、「誰」、「為什麼」、「怎麼了」時，會經常提問，並且希望獲得解答。有時候重複問一個問題讓他已經對答案很熟悉了，但是為了繼續這個遊戲，他還是不斷地發問，爸爸媽媽要耐著性子，陪伴他繼續下去。畢竟遊戲是否有趣應該以寶寶的標準為標準，只要寶寶覺得有趣，遊戲就應該繼續進行下去，而且這個過程中，爸爸媽媽會發現很多有趣的童言童語，能夠支持自己堅持下去。

所有的問題中，最困難的是解釋意外事件，寶寶會問：「為什麼爸爸打破了杯子？」媽媽可以回答：「因為爸爸不小心。」但是不小心並不能成為答案，而寶寶會繼續問這個問題，直到有一天他能夠理解意外事件無法解釋為止。

此外，寶寶可能已能夠回憶事情了，他們會問：「還記得那隻蟲子嗎？」他想說的是今天早上有一隻蟲子爬到玻璃窗上的事，但是他還沒有辦法將整個情節很有邏輯性地講出來，所以爸爸媽媽應該做為引導者，幫助寶寶回憶，「後來你把牠抓到哪裡去了呢？」「我把牠放在盒子裡了。」「後來呢？」「把盒子扔了。」爸爸媽媽可以每天晚上陪寶寶回憶白天最有趣的事情，引導寶寶自己將事情的發生經過講出來，慢慢地，寶寶就能夠理解時間的概念和順序的概念了。

(3)**語言幽默**。

當寶寶無意間發現故意地「牛頭不對馬嘴」是一種有趣的遊戲時，他就掌握了如何讓語言幽默起來。當爸爸媽媽和寶寶玩「是什麼」的遊戲時，寶寶指著圖片上的一頭驢問爸爸：「這是什麼？」「一匹馬。」爸爸故意的錯誤回答會激發寶寶的幽默細胞，「爸爸真笨，哈哈，那是一頭驢！」

溫馨提示：為了給寶寶創造一個良好的語言環境，爸爸媽媽要保證自己的語言規範，發音標準，和寶寶對話時盡量放慢語速。

語言的千變萬化讓寶寶覺得非常有趣，喜歡將其看做一個遊戲，爸爸媽媽應該做的就是時刻陪著寶寶，讓他能夠獲得足夠的資訊和正確的語言使用規則。

二、小巨人的小遊戲

寶寶：「我發現自己的手越來越聽話，已經能夠做很多事情，不過最喜歡的還是和爸爸媽媽一起玩遊戲。」

專家解析：

寶寶的精細動作能力逐步增強，而且所謂「十指連心」，手部動作的靈活性與寶寶的智力水準呈現正相關，即寶寶的手越巧越聰明，爸爸媽媽可以利用寶寶2～3歲時的發展關鍵期，透過各種遊戲進一步增強寶寶的手部動作協調性，進而提高寶寶的智力。

1、心靈手巧的遊戲

遊戲目的：鍛鍊精細動作的能力和手部肌肉協調能力，進而發展寶寶的智力。

遊戲內容：

(1)搭積木

用積木搭成簡單的物體，如火車、房子、桌、椅、床等，還可以讓寶寶根據自己的想像將積木搭成娃娃家、公園、兒童樂園等。

(2)水中取豆

將幾十粒黃豆（開始時，可以使用較大的豆子如蠶豆來降低遊戲難度）放在盛滿水的碗中，爸爸和寶寶每人面前放一個小碗和湯匙，由媽媽做裁判員。遊戲時，媽媽發出口令，要求參賽者用湯匙從水中取出不同數量的豆子，能完全按口令的要求取出正確數目的為勝利者。

溫馨提示：2～3歲的寶寶只能認出1～3三個數字，所以一次取豆的數量不宜超過三個。為了增加遊戲的興趣，爸爸偶爾故意出錯，讓寶寶獲得勝利，讓遊戲玩得更活躍。

（3）穿珠

按照循序漸進的原則，先訓練穿內徑0.7公分的木珠，再進一步訓練穿內徑0.4～0.5公分，更熟練後，可讓寶寶穿長1公分的各色塑膠管，也可以將木珠和塑膠管混合，讓寶寶發揮創造力，串成各種項鍊和手鍊，打上結，戴在頸上。

（4）拼圖形

可在家中自製拼板，先在硬紙板上畫好一張圖形，如小雞或其他動物、水果等，剪成4～6塊，讓寶寶自己拼成圖形。

溫馨提示：製做拼圖的過程盡量讓寶寶參與，比如可以用軟硬程度不同的紙板做成拼圖，讓寶寶感受它的觸覺差異，畫畫的時候讓寶寶選擇自己喜歡的圖案，這樣能提高寶寶對拼圖遊戲的興趣。

（5）**折紙**

爸爸媽媽先示範，將正方形的紙對折成長方形、三角形，然後在上面圖上顏色。

另外可以在生活中訓練寶寶手部肌肉的協調能力，比如餐前幫助媽媽擦桌子、擺放餐具，吃飯時用筷子夾菜，自己洗手帕、疊襪子、用梳子梳頭髮、用轉動的把手開門、開關電燈等。

（6）**餵動物**

在空盒子上貼上動物頭像，並在嘴巴的位置開一個口，讓寶寶拿著湯匙給動物餵豆子。

2、身體素質的遊戲。

寶寶：「我心靈手巧，而且身體棒棒……頭腦更不簡單喔！」

遊戲目的：鍛鍊肢體協調能力，同時培養勇敢、自信的品格。

（1）騎馬遊戲

遊戲準備：遊戲前，爸爸媽媽讓寶寶看有關騎馬的圖片或電視，提醒寶寶注意騎馬的姿勢，以便在孩子的頭腦裡留下騎馬動作的印象，並準備兩根竹竿代表馬。

遊戲內容：

爸爸媽媽問寶寶：「電視機裡的叔叔是怎樣騎馬的呀？」啟發孩子回憶和想像，並跨在竹竿上模仿出騎馬的動作，一隻腳在前、另一隻腳在後做輪流向前跑動的動作，同時，一隻手握住竹竿，另一隻手臂屈肘放在身體的一側，微微握拳，想像用手握住韁繩的樣子，配合著兩腳做協調的上下顛簸的動作，然後讓寶寶和自己一起做。

（2）運西瓜

遊戲準備：每人一個紙箱，用一根短繩繫上幾個玩具西瓜，規定路線，比如：大臥室（沿著床邊走一圈）↓客廳（不跨過小地毯）↓小臥室（左腳踢一下小熊的屁股）↓客廳的沙發上。

遊戲內容：爸爸和寶寶一起用紙箱運西瓜，媽媽做裁判，勝利者給予一定的獎勵。

（3）彩色保齡球

遊戲準備：2～3個透明保特瓶，將剪成碎片的彩紙塞入瓶中，每個瓶子裝一種顏色的紙。

遊戲內容：爸爸媽媽示範如何滾動皮球將瓶子撞倒，每撞倒一個瓶子，讓他將瓶子倒過來，拿出一片彩紙，並收集在一處，最後將所有的彩紙收集起來。上面可以寫上一個故事，待所有的紙片收集起來，就能講故事給寶寶聽，以激勵他完成遊戲。

（4）小青蛙

遊戲內容：媽媽和寶寶坐在地上唱兒歌，寶寶和媽媽相距一段距離：「一隻小青蛙，出門去玩耍。媽媽小聲叫：呱！呱！（此時寶寶模仿青蛙小聲叫）可是青蛙沒回家，媽媽大聲叫：呱！呱！呱！（此時寶寶模仿青蛙大聲叫）小小青蛙跑回家（此時寶寶站起來模仿青蛙跳著回到媽媽身邊）。」

遊戲指導：可以變化兒歌的內容，把小青蛙換成小鴨、小狗、小雞等，模仿牠們的動作和叫聲。

3、知識型遊戲

專家解析：所謂知識型遊戲是父母們非常喜歡指導寶寶參與的遊戲，目的是讓寶寶掌握一些知識，比如數字的知識、方位的知識、生活常識的知識等，這種遊戲中以父母為主導，控制遊戲的時間和規則。這種遊戲的優點是讓寶寶迅速掌握一些知識，缺點是與寶寶生活的聯繫不夠緊密，缺少趣味性。

這裡提供幾個能夠盡量「揚長避短」的遊戲活動：

(1)摸左右

遊戲目的：分清左、右，認識身體的各個部位。

遊戲準備：提前告訴寶寶左和右，如果暫時不能明白也沒有關係，透過遊戲就能慢慢掌握了。

遊戲內容：爸爸媽媽和寶寶都站在鏡子前，由爸爸先發出指令「右眼」，大家即迅速摸自己的右眼，再聽號令「左腿」，大家又去摸自己的左腿。發出指令的人由最先摸對的人繼任，然後如此循環。在遊戲過程中，即便寶寶不知道某個身體的部位，也會模仿別人的動作，這正是寶寶學習的好機會。

溫馨提示：寶寶的動作比較慢，所以爸爸媽媽偶爾要故意摸錯讓寶寶發出指令，再慢慢提高速度。偶爾一個小幽默，比如「左鼻子」能夠起到活躍氣氛的做用。

(2) 4個兔寶寶

遊戲目的：讓寶寶認識紅、黃、黑、白四種顏色，培養寶寶對這四種顏色的辨別能力。

遊戲準備：兔媽媽和4隻小兔圖片，紅、黃、黑、白色的氣球各一個（或圖片），字卡「紅」、「黃」、「黑」、「白」。

遊戲內容：

①媽媽講故事給寶寶聽：「兔媽媽生了4隻兔寶寶，牠們長著長長的耳朵、白白的毛，可愛極了。一天天過去了，4隻小兔慢慢長大，可是牠們長得一模一樣，連媽媽都分辨不清。怎麼辦呢？兔媽媽想了一個好辦法，給兔寶寶做了4件不同顏色的衣服，一隻穿上紅衣服，一隻穿上黃衣服，一隻穿上白衣服，還有一隻穿上黑衣服。這回兔媽媽可分清牠們了。」

②透過提問，讓寶寶指認紅、黃、黑、白。「哪個是紅兔兔？哪個是白兔兔？」

③媽媽給寶寶4個紅、黃、黑、白氣球，讓寶寶把不同顏色的氣球送給相對的小兔，「現在如果你想讓牠們成為你的好朋友，就把喜歡的氣球送給牠們吧！」也可讓寶寶為小白兔塗上不同顏色的衣服。

④讓寶寶看看周圍，指出哪些物品是這四種顏色。

3、認識裡和外

遊戲目的：讓寶寶認識方位，正確指認前與後。

遊戲準備：小火車、小兔、小貓、小狗、小雞玩具或圖片，字卡「前」、「後」、「火車」、「小兔」、「小狗」、「小雞」、「小貓」。

遊戲內容：

①媽媽與寶寶玩坐火車的遊戲。媽媽出示一列玩具火車，請小兔、小狗、小貓、小雞上火車。然後問寶寶：「誰坐在火車最前面？」（小兔。）「誰坐在火車最後面？」（小雞。）「誰坐在小雞前面？」（小貓。）「誰坐在小貓前面？」（小狗。）

②火車到站了，請小動物們下車。遊戲反覆進行，讓寶寶不斷強化前後次序，如果寶寶想參與，可以問寶寶：「寶寶想坐在誰前面，誰的後面啊？」

③教寶寶聽指令站立，媽媽說：「請你站在媽媽前面。」寶寶就迅速地跑到媽媽面前。

「請你站在媽媽後面。」寶寶就迅速地跑到媽媽後面。

④2～3歲的寶寶喜歡將玩具排成一排，利用這樣的機會可以讓寶寶說說哪個在前哪個在後。

4、小小郵遞員

遊戲目的：區分數字1和2。

遊戲準備：用兩個相同的盒子或鐵罐分別標上1和2表示「信箱」，然後將「信箱」掛到寶寶能拿到的地方，並準備幾個信封，上面同樣寫上1和2。

遊戲內容：

爸爸媽媽每次發給孩子2～3封「信」，讓孩子寄到號碼相同的「信箱」內，看看孩子能否認清數字而正確送信，最後檢查「信箱」內有沒有寄錯的「信」，以後數字可以逐漸增加，逐漸鍛鍊寶寶對數字的辨認能力。

溫馨提示：

小信箱可以變成爸爸媽媽和寶寶之間進行溝通的管道，當爸爸媽媽希望給寶寶什麼禮物的時候，可以放在信箱裡，寶寶喜歡打開信箱拿禮物的感覺。而寶寶希望給爸爸媽媽什麼禮物的時候，也能這麼做。以後寶寶長大，也會習慣使用這個小信箱，那麼溝通的問題就不再那麼困難了。

爸爸媽媽在操做上面這些遊戲時，難免會遇到很多突發情況，比如寶寶突然哭鬧、身體不適或者家中有事需要爸爸媽媽處理等，這些都會影響遊戲的品質，所以建議爸爸媽媽提前安排好固定的親子遊戲時間，在這段時間內盡量保持延續性，為寶寶創造一個良好的遊戲環境，進而建立健康融洽的親子關係。

三、我想玩電腦，可以嗎？

媽媽A說：「我覺得寶寶玩電腦沒什麼不好，可以邊玩邊學，把電腦當成一個普通的玩具就好了。我的女兒2歲半了，不知什麼時候開始，她喜歡上了玩鍵盤識字遊戲，她只要敲敲鍵盤上的『F』，螢幕上就會立即出現一支飄動的羽毛（feather），不停繞著芭比娃娃轉圈，很快就能學會F這個詞和羽毛的關係，他自己覺得電腦比別的玩具好玩得多，我也認為電腦的教育功能更強，教育效果更好，所以無條件支持。」

爸爸B說：「我很擔心，不喜歡兒子玩電腦。他玩起來就不願意結束。如果我和媽媽不讓他玩，他會想盡各種辦法抵抗，甚至不睡覺、不吃飯。那麼小的孩子天天接受電腦輻

射，我真的很擔心他的身體。而且聽說網路成癮已經是一種疾病了，我的孩子以後會不會也網路成癮啊？」

專家解析：

談到寶寶玩電腦這個問題，大部分家長都一籌莫展，猶豫不決，一方面擔心電腦螢幕會影響寶寶的視力，另一方面，爸爸媽媽在使用電腦時，寶寶常被動聽的聲音和絢麗的螢幕吸引，忍不住也想玩一下。而且看到寶寶那麼小就能玩轉高科技，很多爸媽難免會有點驕傲的感覺。

從寶寶玩電腦的原因上來說，一方面，電腦具有電視所欠缺的互動性和千變萬化的音樂和圖像，只要點擊一下滑鼠，就會出現各種美輪美奐的畫面，這些能夠給予寶寶的感知覺刺激不是其他玩具所能及的。另一方面，1歲以後的寶寶能夠比較熟練的運用手指，移動滑鼠和敲擊鍵盤已經不在話下，他當然想把自己擁有的這些技能付諸實踐。而且面對電腦的誘惑，很多成年人都沉迷於電腦和網路而無法自拔，何況天真單純的寶寶們。不過也正是這個原因，很多家長即便看到了電腦的強大教育功能，卻仍對它望而卻步。而從現有的研究結論來看，似乎學者們對寶寶玩電腦也是毀譽參半。

一項研究顯示，學齡前兒童使用電腦幫助他更適應學校生活，而且能夠提高智商。從這一點來看，電腦在互動性方面確實要優於電視，能夠幫助幼兒更好的發展觀察能力、語言能力和精細動作的協調能力。

但是，無論為寶寶提供哪種玩具，關鍵在於適度。如果讓寶寶一味沉迷於電腦的世界，對外面的世界不瞭解，那麼肯定會造成寶寶其他經驗的缺失。按照美國兒科研究員的建議，2歲以上的寶寶，每天看螢幕的時間不要超過兩小時，包括電視、電腦等。所以，爸爸媽媽們所要做的是：

限時：小的孩子可以玩半小時左右，大些的孩子不能連續玩超過一個小時。爸爸媽媽應提前和寶寶商定規則，不能超過規定的時間，也不能離電腦太近，要保持一定的距離。爸爸媽媽可以將電腦鎖上密碼，也可以專門針對寶寶設置時間限制，當自己忘記的時候，電腦可以自動關機。

篩選：爸爸媽媽應為寶寶選擇合適的軟體，在教導使用方法時「留一手」，剩下的部分讓寶寶自己探索，給寶寶更多創造空間，還可以親子同玩，同參與，同交流。

互補：寶寶認識世界主要透過直接感知，但真正的知識不是透過觀看就能簡單獲得的，所以要由爸爸媽媽將軟體的內容和感知結合起來，同時將電腦的世界和真實世界結合起來，豐富寶寶的認知範圍。

四、小導演的大計畫

【遊戲演示】

3歲的小雨一個人在房間裡，面前是很多布娃娃和絨毛玩具。

小雨：「從今天開始，我就是你們的老師了，希望我們能夠成為好朋友，現在我們來玩遊戲。小熊你來演病人，我是醫生……你不要亂動，我給你打針呢！啊！你吃太多糖了，還得吃藥才行。」

專家解析：

很多父母喜歡將這種遊戲統稱為「扮家家酒」，因為他們小的時候就是這樣稱呼這種遊戲，而且彼時的生活比較簡單，能夠接觸到的多為家人，模仿的也多是他們的行為，所以稱做「扮家家酒」是有道理的。而1～2歲寶寶的生活範圍較窄，類似爸爸媽媽的經歷，所以他們的遊戲也可稱為「扮家家酒」，但是現在2～3歲的寶寶們的生活如此豐富，已經走出家門接觸更廣闊的世界，他們喜歡模仿各種人，幼稚園的老師、公共汽車司機、醫生、動漫人物、電視明星、廣告等，而且他們還能夠發揮想像力，自編自導自演一齣小話劇，其中展示的創造力讓很多成人都非常驚嘆，只能說他們是導演一代了，所以這裡就讓我們把他們的遊戲稱做「裝扮劇」吧！

裝扮劇的出現並不是偶然，是寶寶心理需求和生活經歷的一種表現，傳達了很多資訊，對寶寶的成長有很多益處：

1、讓寶寶更好地認識世界

當寶寶一遍遍地表演熟悉的事情時，他的認知能力和想像力得到了很大的提高，並且能夠幫助寶寶從抽象的角度認識世界，這是1～2歲寶寶的「扮家家酒」遊戲所無法達到的。

2、擺脫恐懼

在裝扮劇的世界裡，寶寶可能是大老虎或者大英雄，這樣的想像讓他覺得自己很有力量，進而擺脫恐懼的感覺。想像身邊的抱抱熊是好朋友也能起到同樣的做用。

3、開發各種能力

當寶寶在導演自己的裝扮劇時，他要選擇場景和演員、計畫流程、設計劇本，自導自演的過程中還要將各個演員的臺詞都說一遍，因為只有他自己才是能說話的演員，所有的這些開發了寶寶眾多的能力，是其他遊戲活動無法比擬的。

但是，現實使很多父母鼓勵「扮家家酒」，但是卻不鼓勵裝扮劇，將其視做逃避現實的行為，而且很少有家長願意參與其中，充當一個小演員。不過瞭解裝扮劇的益處後，相信很多父母願意改變想法，參與其中，這裡提供兩個建議：給寶寶提供充足的道具，而且鼓勵寶寶自己收集道具，並為裝扮劇提供特殊的地方；為寶寶充當演員時，就把自己當做一個普通的演員，千萬不要耍大牌，頤指氣使。

到此三年的歷程結束了，希望這三年中，您和您的寶寶都擁有了最美好的回憶。

國家圖書館出版品預行編目資料

新手父母這樣教0~3歲寶寶玩／健康寶寶編輯小組編著.
－－第一版－－ 臺北市：知青頻道出版；
紅螞蟻圖書發行，2011.2
面　　公分－－（福樂家；3）
ISBN 978-986-6276-55-2（平裝）

1.育兒

428　　100001412

福樂家 03

新手父母這樣教0~3歲寶寶玩

編　　著／健康寶寶編輯小組
美術構成／Chris' office
校　　對／周英嬌、楊安妮、朱慧蒨
發 行 人／賴秀珍
榮譽總監／張錦基
總 編 輯／何南輝
出　　版／知青頻道出版有限公司
發　　行／紅螞蟻圖書有限公司
地　　址／台北市內湖區舊宗路二段121巷28號4F
網　　站／www.e-redant.com
郵撥帳號／1604621-1　紅螞蟻圖書有限公司
電　　話／(02)2795-3656（代表號）
傳　　真／(02)2795-4100
登 記 證／局版北市業字第796號
港澳總經銷／和平圖書有限公司
地　　址／香港柴灣嘉業街12號百樂門大廈17F
電　　話／(852)2804-6687
法律顧問／許晏賓律師
印 刷 廠／鴻運彩色印刷有限公司
出版日期／2011年 2 月　第一版第一刷

定價 280 元　港幣 93 元

ISBN 978-986-6276-55-2　　Printed in Taiwan